Altenglisches Elementarbuch

Einführung, Grammatik, Texte
mit Übersetzung und Wörterbuch

von

Prof. Dr. Martin Lehnert
Humboldt-Universität Berlin

Siebente, verbesserte Auflage

Sammlung Göschen Band 1125

Walter de Gruyter & Co · Berlin 1969
vormals G. J. Göschen'sche Verlagshandlung · J. Guttentag,
Verlagsbuchhandlung · Georg Reimer · Karl J. Trübner · Veit & Comp.

Inhaltsverzeichnis

Entwicklung unter dem Schwachdruck

Literatur

(Einzelarbeiten sind im Text angeführt)

a) *Altenglische und historische englische Grammatiken*

Alston, R. C.: An Introduction to Old English, New York-Toronto 1961.
Andrew, O. S.: Syntax and Style in Old English, Cambridge 1940.
Baugh, A. C.: A History of the English Language, New York 1935, Neudruck 1952, 1957² u. ö. London 1954 (Third impression).
Bøgholm, N.: English Speech from an historical point of view, Copenhagen-London 1939.
Brook, G. L.: An Introduction to Old English, Manchester Univ. Press 1955.
Brunner, K.: Die englische Sprache. Ihre geschichtliche Entwicklung. I. II., Halle 1950, 1951, Tübingen 1962².
Bülbring, K. D.: Altenglisches Elementarbuch, I. Teil: Lautlehre, Heidelberg 1902.
Campbell, A.: An Old English Grammar, Oxford 1959.
Kieckers, E.: Altenglische Grammatik, München 1935.
Koziol, H.: Grundzüge der Geschichte der englischen Sprache, Darmstadt 1967.
Kuhn, Sherman M.: A Grammar of the Mercian Dialect (Univ. of Chicago Diss.), Chicago 1938.
Luick, K.: Historische Grammatik der englischen Sprache, Leipzig 1914 bis 1940. Repr. by Richard Hamer, Harvard Univ. Press 1965.
Mitchell, B. C.: A Guide to Old English, Oxford 1965.
Moore, S., and Knott, T. A.: The Elements of Old English, 5th ed., Ann Arbor 1919, 1927⁵, Neudruck 1940.
Mossé, F.: Manuel de l'anglais du moyen âge. Tome I: Vieil-Anglais. Grammaire et textes. Paris 1945, 1950².
Mustanoja, T. F.: A. Middle English Syntax, Helsinki 1960.
Quirk, R., and Wrenn, C. L.: An Old English Grammar, London 1955, 2. Aufl. 1957.
Reszkiewisz, A.: Old English Essentials, Warsaw 1964.
Sievers-Brunner: Altenglische Grammatik, nach der Angelsächsischen Grammatik von E. Sievers neubearbeitet von K. Brunner, Halle 1942, 1951², Tübingen 1965³.
Sievers, E.: Abriß der altenglischen (angelsächsischen) Grammatik, 1. Aufl. Halle 1895, 9. Aufl. 1936, 10. Aufl. neubearbeitet von K. Brunner, Halle 1941, 11. Aufl. 1948, 16. Aufl. 1963.
Sweet, H.: Anglo-Saxon Primer, with Grammar, Notes, and Glossary, 9th ed. by N. Davis, Oxford 1953.
Visser, F. Th.: An Historical Syntax of the English Language, Vol. I, Leiden 1963, Vol. II, Leiden 1966.
Wardale, E. E.: An Old English Grammar, London 1922, 1938⁴, Neudruck 1947.
Wright, J., and E. M.: Old English Grammar, Oxford 1925³, 1960⁴.

Kurze Darstellungen der ae. Grammatik enthalten auch die meisten der im folgenden (c) angeführten altenglischen Lesebücher.

b) *Vergleichende Grammatiken*

Brugmann, K.: Kurze vergleichende Grammatik der indogermanischen Sprachen, Berlin 1902 (Neudruck Berlin 1933).
Hirt, H.: Handbuch des Urgermanischen, I.—III., Heidelberg 1931—1934.
Hirt, H.: Indogermanische Grammatik, I.—VII., Heidelberg 1921—1937.
Kieckers, E.: Einführung in die indogermanische Sprachwissenschaft, I. Bd.: Lautlehre, München 1933.
Kluge, F.: Urgermanisch, 3. Aufl., Straßburg 1913 (im Grundriß der germanischen Philologie).
Krahe, H.: Germanische Sprachwissenschaft, I. II., Berlin 1942, 5. Aufl. 1963/64 (Sammlung Göschen Bd. 238 und 780).
Krahe, H.: Indogermanische Sprachwissenschaft, I. II., Berlin 1943, 4. Aufl. 1962/63. (Sammlung Göschen Bd. 59 und 64).
Prokosch, E.: A Comparative Germanic Grammar, Philadelphia 1939.
Streitberg, W.: Urgermanische Grammatik, Heidelberg 1896 (Neudruck 1943).

c) *Altenglische Lesebücher*

Anderson, M., and **Williams, B. C.**: Old English Handbook, Boston 1935.
Bolton, W. F.: An Old English Anthology, London 1963.
Bright, J. W.: An Anglo-Saxon Reader, London 1891, 4. Aufl. 1917; rev. by J. R. **Hulbert**, New York 1935, 1951.
Craigie, W. A.: Specimens of Anglo-Saxon Poetry, Edinburgh (1923) 1931.
Craigie, W. A.: Specimens of Anglo-Saxon Prose, Edinburgh 1929.
Flom, G. T.: Introductory Old English Grammar and Reader, Boston, New York etc. 1930.
Förster, M.: Altenglisches Lesebuch für Anfänger, Heidelberg 1913, 4. Aufl. 1931, 5. Aufl. 1949, 1963.
Fowler, R. G.: Old English Verse and Prose, London 1966.
Funke, O., and **Jost, K.**: An Old English Reader. Vol. 1 (pp. 1—58), Vol. la Glossary (pp. 59—86), Bern 1942, 4. Aufl. 1964.
Kaiser, R.: Medieval English, An Old English and Middle English Anthology, 3. Aufl., Berlin 1958 (1. Aufl. 1954).
Kluge, F.: Angelsächsisches Lesebuch, Halle 1888, 4. Aufl. 1915.
Krapp, G. P., and **Kennedy, A. G.**: An Anglo-Saxon Reader, New York 1929.
Lehnert, M.: Poetry and Prose of the Anglo-Saxons. A Text-Book with Introductions, Translations, Bibliography, and an Old English Etymological Dictionary. Berlin Vol. I 1955, Halle 1960², Vol. II 1956.
Raith, J.: Altenglisches Lesebuch, Prosa, 2. Aufl., München 1958.
Schücking, L. L.: Kleines angelsächsisches Dichterbuch, Köthen 1919, 2. Aufl. Leipzig 1933.
Sedgefield, W. J.: An Anglo-Saxon Book of Verse and Prose, Manchester 1928.
Sweet, H.: An Anglo-Saxon Reader, Oxford 1876, 9th ed. rev. by C. T. **Onions** 1922, 12th ed. 1950, 1959 u. ö.
Sweet's Anglo-Saxon Reader in Prose and Verse, revised throughout by **Dorothy Whitelock**, Oxford 1967.
Turk, M. H.: An Anglo-Saxon Reader, New York 1927.
Wyatt, A. J.: An Anglo-Saxon Reader, Cambridge 1919, 1925.
Zupitza-Schipper: Alt- und mittelenglisches Übungsbuch, hrsg. von A. **Eichler**, 14. Auflage, Wien und Leipzig 1931.

d) Altenglische Wörterbücher

Bessinger, J. B.: A Short Dictionary of Anglo-Saxon Poetry, Toronto 1960, 1965[2].
Bosworth-Toller: An Anglo-Saxon Dictionary, Oxford 1882—1898, Supplement 1928. A New Supplement by A. Campbell, Oxford 1966.
Grein-Köhler: Sprachschatz der angelsächsischen Dichter, 2. Auflage, Heidelberg 1912—1914.
Hall, J. R. Clark: A Concise Anglo-Saxon Dictionary for the Use of Students, London 1894, 4th ed. with a Supplement by H. D. Meritt, Cambridge 1960.
Holthausen, F.: Altenglisches etymologisches Wörterbuch, Heidelberg 1934, 2. Ausgabe 1963 von H. Ch. Matthes.
Lehnert, M.: Poetry and Prose of the Anglo-Saxons, vol. II Dictionary, Berlin-Halle 1956, 1969.
Skeat, W. W.: An English-Anglo-Saxon Vocabulary, London 1936.
Sweet, H.: The Student's Dictionary of Anglo-Saxon, Oxford 1897, 1911.

e) Übersetzungen

Alexander, Michael: The Earliest English Poems., "Penguin Classics" L. 172, Harmondsworth 1966, 1967.
Cook, A. S.—Tinker, C. B.: Select Translations from Old English Prose, Boston 1908.
Cook, A. S.—Tinker, C. B.: Select Translations from Old English Poetry, Boston 1926, rev. ed. Harvard 1935.
Faust, C.—Thompson, S.: Old English Poems translated into the Original Meter, Chicago-New York 1918.
Gollancz, I.: The Exeter Book. An Anthology of Anglo-Saxon Poetry. London 1895, in: "Early English Text Society", vol. 104.
Gordon, R. K.: Anglo-Saxon Poetry, Selected and Translated, London 1930, rev. ed. 1954. "Everyman's Library" No. 794.
Grein, C. W. M.: Dichtungen der Angelsachsen, stabreimend übersetzt, Göttingen 1857/1859, 2. Ausgabe (Beowulf gesondert) von R. P. Wülker, Kassel 1883. Manulneudruck Heidelberg 1930.
Kennedy, Ch. W.: An Anthology of Old English Poetry, translated into Modern English, London-New York 1960.
Kennedy, Ch. W.: Early English Christian Poetry, translated into Alliterative Verse, London 1952, New York-Oxford 1963.
Kershaw, N.: Anglo-Saxon and Norse Poems, Cambridge 1922.
Körner, K.: Angelsächsische Texte mit Übersetzung und Glossar, Heilbronn 1880.
Mackie, W. S.: The Exeter Book. Part II: Poems IX—XXXII, London 1934, in: "Early English Text Society" vol. 194.
Magoun, F.—Walker, J.: An Old English Anthology, Iowa 1950.
Malone, K.: Ten Old English Poems, Baltimore 1941.
Pope, John C.: Seven Old English Poems, Indianapolis 1966.
Raffel, B.: Poems from the Old English, Nebraska Univ. Press 1960.
Spaeth, J. D.: Old English Poetry, Translations into Alliterative Verse, Princeton 1922.

f) Nachschlagewerke

Hoops, J.: Reallexikon der germanischen Altertumskunde, Straßburg und Berlin 1911—1919 (4 Bände).
Schrader-Nehring: Reallexikon der indogermanischen Altertumskunde, Berlin 1923—1929 (2 Bände).
Ebert, Max: Reallexikon der Vorgeschichte, Berlin 1924—1932 (15 Bände).

g) Bibliographien

Jahresbericht über die Erscheinungen auf dem Gebiete der germanischen Philologie, Berlin 1879ff.
Annual Bibliography of English Language and Literature, Cambridge 1921ff.
The Cambridge Bibliography of English Literature, 4 Bände, Cambridge-New York 1940/41. Supplementband 1957.
The Year's Work in English Studies, London 1921ff.
Anderson, G. K.: The Literature of the Anglo-Saxons, Princeton 1949.
Heusinkveld, A. H., and Bashe, E. J.: A Bibliographical Guide to Old English, Iowa 1931.
Kennedy, A. G.: A Bibliography of Writings on the English Language from the Beginning of Printing to the End of 1922, Cambridge-New Haven 1927. — Ergänzt von H. M. Flasdieck im „Beiblatt zur Anglia" 39 (1928), S. 166—174 und von A. Gabrielson in den „Studia Neophilologica" 2 (1929), S. 117—168.
Kennedy, A. G.: A Concise Bibliography for Students of English, Stanford-California 1960[4].
Linguistic Bibliography for the Years 1939—1947, etc. Vol. Iff. Utrecht-Brussels bzw. Utrecht-Antwerp, Spectrum, 1949ff. Published by the Permanent International Committee of Linguists with a Grant from the United Nations Educational, Scientific, and Cultural Organization.
Renwick, W. L., and Orton, H.: The Beginnings of English Literature to Skelton 1509, London 1939, 1952[2].
Robinson, F. C.: Old English Research in Progress, laufend in: „Neuphilologische Mitteilungen", zuletzt Helsinki 1968, Heft 3, S. 472—487.

Ausführliche Bibliographien geben auch Visser und Mustanoja (s. unter *a*).

I. Einführung.

1. Sprache und Überlieferung.

1. Die älteste britische (keltische) Siedlergruppe, welche die wohl der Mittelmeerrasse angehörige Urbevölkerung verdrängte, kam vom Niederrhein nach England (600 bis 450), die zweite aus der Bretagne (400–250), die dritte von der Seine (250–100); die kelt.-germ. Belgae rückten um 75 und dann um 50 v. Chr. ein. Ihre Sprache war das Keltische, das in mehreren Dialekten gesprochen wurde. Während der Besetzung der britischen Insel durch die Römer von 55 v. Chr. bis ins 5. Jh. n. Chr. wurden die Kelten (Briten) romanisiert. Doch wurden die lateinische Sprache und Kultur weniger von den römischen Legionen als vielmehr von der Kirche der römischen Provinz Gallien nach England gebracht und weitergepflegt. In der Zeit der Völkerwanderung wird England mit dem Einfall der germanischen Stämme der Angeln, Sachsen und Jüten im 5. Jahrhundert ein germanisches Land. Die Sprache der neuen Herren Englands ist das Altenglische (Ae.), oft auch Angelsächsisch (Ags.) genannt, das man am besten in zwei Perioden einteilt: Früh-ae. von etwa 700—900, Spät-ae. von 900 bis 1100. Die ae. poetischen Denkmäler, die meist von angelsächsischen Klerikern verfaßt wurden, entstanden seit etwa 700 auf *anglischem* Boden, sind uns jedoch meist anonym erst aus dem späten 10. Jahrhundert fast durchweg in *westsächsischen* Handschriften (= Abschriften) überliefert. Sie weisen daher zahlreiche dialektische und zeitliche Mischformen auf. Im wesentlichen sind sie in vier großen Sammelhandschriften erhalten[1]):

[1]) Zur Überlieferung der ae. Prosa-Denkmäler s. Sievers-Brunner, Ae. Gr. § 2.

FIRTH OF FORTH
Alclyde
Glasgow
Edinburgh
STRATHCLYDE
LINDISFARNE
(HOLY ISLAND)
NORTHUMBRIA
PIKTEN
R.TYNE
Jarrow
SOLWAY FIRTH
CUMBRIA
Streoneshalh
(Whitby)
MAN
I.
York
Manchester
R.HUMBER
Torksey
Chester
Nottingham
THE WASH
Repton
EAST
ANGLIA
WALES
MERCIA
Thetford
Worcester
Northampton
Cambridge
ESSEX
London
Englefield
THANET
I.
R.SEVERN
Wedmore
Ashdown
Reading
Canterbury
Basing
WESSEX
Winchester
KENT
Dover
Sherborne
Wilton
Wimborne
SUSSEX
Sentac
Exeter
Wareham
Hastings
CORNWALL
WIGHT
I.
Swanage

1. Die **Beowulf-Handschrift** im Britischen Museum, London[1]). Auf der ersten Seite oben steht der Name *Laurence Nouell* mit dem Datum *1563*. Demnach verdanken wir wohl Nowell, Dekan von Lichfield (gest. 1576) und Verfasser des ersten ae. Wörterbuches, die Erhaltung des ältesten vollständigen germ. Heldenepos über eine Zeit hinweg, wo mit der Auflösung der Klöster unschätzbare alte literarische Zeugnisse verlorengingen. Im 17. Jh. gelangte die Handschrift in die berühmte Sammlung des Gutsbesitzers und Londoner Altertumssammlers Sir Robert Cotton (1571–1631). Die Beschädigungen der einzelnen Blätter der Beowulf-Handschrift, die heute im Britischen Museum aufbewahrt wird, rühren von einem nächtlichen Brande der Cottonischen Bibliothek im Jahre 1731 her, worüber ein 211 Kleinfolioseiten umfassender Parlamentsbericht vom Jahre 1732 vorliegt. In der einzigen erhaltenen Handschrift steht der „Beowulf" zwischen drei ae. Prosatexten und der fragmentarischen Judith-Dichtung. Er wurde zum erstenmal, zusammen mit einer lateinischen Übersetzung, von dem isländischen Gelehrten G.J.Thorkelin 1815 zu Kopenhagen ein Abschreiber im Jahre 1787 im Brit. Museum angefertigt hatten. Die erste wissenschaftliche Beowulf-Ausgabe besorgte J. M. Kemble zu London 1833, 1835/37² (mit Übersetzung, Einleitung, Glossar und Anmerkungen)[2]).

Faksimile: J. Zupitza, Beowulf. Autotypes of the uni-

---

[1]) M. Förster, Die Beowulf-Handschrift („Berichte der Sächs. Akad. der Wiss." Bd. 71, Nr. 4), Leipzig 1919.

[2]) Zu den neueren Beowulf-Ausgaben s. M. Lehnert, Beowulf. Eine Auswahl mit Einführung teilweiser Übersetzung, Anmerkungen und etymol. Wörterbuch, Berlin 1967⁴. (Sammlung Göschen Bd. 1135.)

que Cotton MS. Vitellius[1]) A XV in the British Museum, with a Transliteration and Notes. (Early English Text Society, No. 77) London 1882. — Neuherausgabe mit Ergänzungen von N. Davis (Early English Text Society, No. 245), London 1959. — K. Malone, The Thorkelin Transcripts of Beowulf in Facsimile (Early English Manuscripts in Facsimile, Vol. I), Copenhagen-Baltimore-London 1951. Neudruck von V. F. Hopper 1963. — Faksimile-Ausgabe der Beowulf-Dichtung von Kemp Malone, The Nowell Codex — British Museum Cotton Vitellius A XV, zusammen mit einem Einführungsband, in den "Early English Manuscripts in Facsimile," Vol. XII, Copenhagen-London-Baltimore 1963.

2. Die Cædmon-Handschrift in der Bodleian Library, Oxford. Sie gehörte einst Erzbischof James Usher, der sie dem berühmten holländischen Germanisten Franciscus Junius schenkte. Dieser hugenottische Gelehrte ging 1620 nach England, wo er fast dreißig Jahre als Erzieher englischer Adligen lebte. Im Jahre 1655 besorgte er den Druck dieser Handschrift, in der die Dichtungen Genesis, Exodus, Daniel, Christ und Satan enthalten sind, und übergab sie der Universität Oxford.

Faksimile: I. Gollancz, The Cædmon Manuscript of Anglo-Saxon Biblical Poetry. Oxford Univ. Press 1927. – Ausgabe: G. Ph. Krapp, The Junius Manuscript, London & New York 1931. (The Anglo-Saxon Poetic Records, A Collective Edition, I.)

3. Das Exeter-Buch in der Kathedrale zu Exeter.

Leofric († 1072), Bischof von Devon und Cornwall und Kanzler Eduard des Bekenners, hat es einst der Exeter Kathedrale geschenkt. Eine vollständige Ausgabe des „Codex Exoniensis" erschien erst 1842 von B. Thorpe. Darin finden sich besonders folgende Dichtungen: Christ, Guthlac, Phönix, Juliana, Wanderer, Der Menschen Gaben, Des Vaters Lehren, Seefahrer, Der Menschen Gemüt,

[1]) Die Katalogbezeichnungen *Vitellius*, *Tiberius*, *Nero* usw. rühren von den Büsten römischer Kaiser her, die zufällig auf den betr. Bücherschränken standen.

Widsith, Der Menschen Geschicke, Reimlied, Panther, Walfisch, Rebhuhn, Rede der Seele an den Leichnam (I), Deors Klage, Klage der Frau, Das Jüngste Gericht, Botschaft des Gemahls, Ruine, Rätsel.

Faksimile: The Exeter Book of Old English Poetry. With Introductory Chapters by R. W. Chambers, Max Förster and Robin Flower, and Collotype Facsimile of the Exeter Book. Bradford: Percy Lund, Humphries, for the Dean and Chapter of Exeter Cathedral. 1933. – Ausgabe: G. Ph. Krapp & E. van Kirk Dobbie, The Exeter Book, London & New York 1936. (The Anglo-Saxon Poetic Records, A Collective Edition, III.) – Eine frühere Ausgabe des Exeterbuches erschien mit englischer Übersetzung in der Early English Text Society, London 1895, No. 104, von I. Gollancz (Part I: Poems I—VIII) und 1934 von W. S. Mackie (Part II: Poems IX—XXXII), Orig. Series, No. 194, London 1934.

4. Das Vercelli-Buch in der Dombibliothek zu Vercelli, Oberitalien. Wie es dorthin gekommen, ist unbekannt. Es wurde 1834 von dem Tübinger Assistenten Dr. M. G. Maier abgeschrieben und in seinem poetischen Teil 1836 als 'Appendix B to Mr. Cooper's Report on Rymer's Fœdera' unter B. Thorpes Leitung in nur 250 Exemplaren gedruckt. Danach gab J. M. Kemble 1843 und 1856 den 'Codex Vercellensis' mit englischer Übersetzung für die Aelfric Society heraus. Die Handschrift enthält: Homilien, Andreas, Schicksale der zwölf Apostel, Rede der Seele an den Leichnam (II), Der Menschen Falschheit, Traumgesicht vom Kreuze, Elene, Leben des Guthlac (in Prosa).

Faksimile: R. Wülker, Codex Vercellensis. Die ags. Handschrift zu Vercelli in getreuer Nachbildung. Leipzig 1894. (Enthält nur den poetischen Teil der Handschrift.) – M. Förster, Il Codice Vercellese, Rom 1913. (Enthält die prosaischen und poetischen Texte.)[1] – Ausgabe: G. Ph. Krapp,

[1]) Beschreibung: M. Förster, „Stud. z. engl. Phil." 50, S. 20ff., Halle 1913. – Ausgabe der Prosastücke (Homilien): M. Förster, Die Vercelli-Homilien I., Hamburg 1932 („Bibl. der ags. Prosa", Bd. XII).

The Vercelli Book, London & New York 1932. (The Anglo-Saxon Poetic Records, A Collective Edition, II.)[1])

2. Das Altenglische gehört zum westlichen (*Centum-*) Zweig der indogermanischen Sprachfamilie und hat seine mit anderen Sprachen gemeinsamen Vorstufen zunächst im Westgermanischen, dann im Urgermanischen und schließlich im Indogermanischen. Alle drei Ursprachen sind mit Hilfe der aus ihnen hervorgegangenen historisch bezeugten Sprachen in groben Umrissen wissenschaftlich rekonstruiert, also nirgendwo in Aufzeichnungen überliefert. Durch Vergleichung etwa von got. *gast-s*, ur-nord. *gasti-R*, aisl. *gest-r*, ahd. as. *gast* und ae. *ʒ(i)est* (§§ 31, 7; 48, 1) gelangt man zu der urg. Form **gastiz* (lat. *hostis*, idg. **ghostis*)[2]). (Erschlossene Formen werden durch Sternchen gekennzeichnet.)

Den germanischen Sprachen sind gegenüber den anderen idg. Sprachzweigen besonders folgende Spracherscheinungen eigentümlich: die erste (oder germanische) Lautverschiebung (§ 23), das Vernersche Gesetz (§ 23), die Festlegung der Druckverteilung (§ 47), die germanischen Auslautgesetze (§ 48), das Aufkommen der schwachen Flexion des Adjektivs (§§ 69, 71), das schwache Präteritum (§ 77).

Innerhalb der westgermanischen Sprachen ist der nächste Verwandte des Altenglischen das Altfriesische, demnächst das Altsächsische. Mit dem ersten weist es besonders nahe Beziehungen auf[3]) (vgl. §§ 22, 3; 28,1–4; 44;

---

[1]) Eine erste Sammlung der ae. Literatur unternahm in Grein-Wülkers „Bibliothek der ags. Poesie und Prosa": C. W. M. Grein, Bibl. der ags. Poesie, 1857—1864, neue Ausgabe von R. P. Wülker (4 Bände), Literaturverzeichnis. — N. R. Ker, Catalogue of Manuscripts containing Anglo-Saxon, Oxford Univ. Press 1957.

Neben diesen Sammelausgaben bestehen zahlreiche Einzelausgaben (s. M. Lehnert, Poetry and Prose of the Anglo-Saxons, Vol. I, Berlin 1955).

[2]) **Aus der ursprünglichen Bedeutung „Fremdling" entwickelte sich im Lateinischen die Bedeutung „Feind", im Germanischen „Gast".**

[3]) Th. Siebs (s. S. 18[3]), S. 69ff.

Indogermanisch (Indoeuropäisch)

- **Centum**[1])-Sprachen
  - Germanisch
    - Nordgermanisch
      - (Skandinavisch:) Isländisch, Norwegisch, Schwedisch, Dänisch
    - Ostgermanisch
      - Gotisch
        - Krimgotisch († 18. Jh.)
    - Westgermanisch
      - Altenglisch (700—1100) → Mittelengl. (1100—1400) → Neuenglisch
      - Altfriesisch → Neufriesisch
      - Altsächsisch → Mittelniederdeutsch → Neuniederdeutsch (Plattd).
      - Altniederländ. (-fränk.) → Mittelniederländisch → Neuniederländisch
      - Althochdeutsch → Mittelhochdeutsch → Neuhochdeutsch
  - Keltisch
    - I. Inselkeltisch
      - 1. Irisch
        - Gälisch (Schottland), Manx (Isle of Man)
      - 2. Britannisch
        - Kymrisch (Wales), Kornisch (†) (Cornwall), Bretonisch (Bretagne)
    - II. Festländisch-Keltisch oder Gallisch (†)
  - Italisch
    - 1. Oskisch-umbrische Mundarten (†)
    - 2. Lateinisch
      - (Romanisch:) Portugiesisch, Spanisch, Katalonisch, Provenzalisch, Französisch, Italienisch, Rätoromanisch, Rumänisch
  - Griechisch mit vielen Mundarten (Jonisch, Attisch, Dorisch usw.)
- **Satem**[1])-Sprachen
  - Arisch (oder Indo-iranisch)
    - 1. Altindisch (oder Sanskrit)
    - 2. Altiranisch:
      - Avestisch (†), Altpersisch
  - Armenisch
  - Albanisch
  - Balto-Slawisch
    - Urbaltisch
      - Litauisch, Lettisch, Altpreußisch († 17. Jh.)
    - Urslawisch
      - 1. Ostslawisch:
        - Groß-, Klein-, Weißrussisch
      - 2. Südslawisch:
        - Bulgarisch, Serbokroatisch, Slovenisch
      - 3. Westslawisch:
        - Polnisch, Polabisch (†), Sorbisch (Wendisch), Tschechisch, Slovakisch

[1]) Unterscheidung nach der Zahl für ‚100': lat. *centum* ($c = k$) — alt-iran. *satem*. Die osteuropäisch-asiatische Sprachengruppe (*satem*) verwandelt die palatalen Verschlußlaute (*k* in *Kind*) in Zischlaute (*s*), die westeuropäische aber in velare Verschlußlaute.

76a unter Präs. 3. Pl.), so daß man beide meist zu der anglo-friesischen Sprachgruppe zusammenschließt. Das Althochdeutsche unterscheidet sich vom Ae. wie auch von allen andern germanischen Sprachen durch die zweite (oder hochdeutsche) Lautverschiebung.

Die folgende Tafel möge das Verwandtschaftsverhältnis veranschaulichen.

Andere Einteilungen des Germanischen als die heute noch übliche in Nord-, Ost- und Westgermanisch sind solche in Südgermanisch (Nieder- und Hochdeutsch, Englisch und Friesisch) und Nordisch-Gotisch (Norwegisch-Isländisch, Schwedisch-Dänisch und Gotisch)[1]; oder die Vierteilung in Ost- und Nordgermanisch, Ingwäonisch und Deutsch (statt Westgermanisch)[2].

3. Das Hauptkennzeichen des Ae. im Vergleich zum Ne. ist wie bei den anderen germanischen Sprachen ein ausgebildetes Flexionssystem mit vollen Endsilbenvokalen. Es steht in dieser Hinsicht etwa in der Mitte zwischen dem Lat. und Nhd., welchem letzteren es überhaupt sehr ähnelt, besonders in der Freiheit der Wortfügung und Wortbildung.

Griech. *euaggélion* wurde z. B. durch ae. *ʒōd-spell* 'gute Botschaft' (ne. *gospel*) wiedergegeben, entsprechend bildete man *ʒodspellian* Vb., *ʒodspellisc* Adj. und *ʒodspellere* Sb.; 'taufen', ne. *baptize* (< me. *baptīsen*, frz. *baptiser*), wurde durch ae. *ful-wīhan* „vollweihen" ausgedrückt, dazu Sb. *fulwīht*, *fulluht* 'Taufe'; die 'Schriftgelehrten und Pharisäer' erscheinen ae. als *bōceras and sundorhālʒan* „Bücherer und Sonderheilige", wobei *sundorhālʒa* = *pharisaeus* 'abgesonderter Heiliger' genau die hebräische Urbedeutung wiedergibt, wie sie etwa durch Beda vermittelt wurde ('Pharisaei interpretantur divisi'). Neben der Übernahme von lat. *apostolus*, *episcopus*, *praepositus*, *sacerdōs* als ae. *apostol*, *bis-*

[1]) H. Hempel, Gotisches Elementarbuch, 1937, 2. Aufl. 1962, S. 6 (Göschenband Nr. 79).

[2]) H. Naumann und W. Betz, Althochdeutsches Elementarbuch, 1937, 3. Aufl. 1962, S. 10 (Göschenband Nr. 1111).

ceop, prēost, sacerd in Form von Fremd- oder Lehnwörtern wurde z. B. lat. *discipulus* durch eine Vielheit von Ausdrükken wiedergegeben, wie ae. *discipul, leornere, leorninȝcniht, lārcneht, þeȝn, cniht, ambeht(man)* 'Amtmann, Diener'; andererseits entspricht ein ae. Wort, etwa *ealdor(man)*, einer ganzen Reihe von lat. Bezeichnungen. Eine den wg. Sprachen gemeinsame Lehnübersetzung ist ae. *hǣlend*, as. *hēliand*, ahd. *heilant* für kirchenlat. *salvātor*.

Die beiden Hauptsprachtypen, in denen das Ae. uns überkommen ist, sind die Missionssprache der Kirche und die Ausdrucksformen des Gefolgschaftsmilieus.

Sprachgeschichtlich gesehen kennzeichnen folgende Erscheinungen den Übergang des Ae. zum Me.:

1. Abschwächung der vollen, kurzen Endsilbenvokale zu druckschwachem *e* (wie in nhd. *Name*) und damit Zerrüttung des Flexionssystems (N. A. Pl. ae. *stānas*, G. *stāna*, D. *stānum* > me. *stǭnes* > ne. *stones*).

2. Einfluß fremden Wortschatzes: des Skandinavischen und Französischen, genauer Nord-frz. = Normannisch-Pikardischen (§§ 15, 16).

3. Aufhören der im Spät-ae. in großen Teilen Englands bekannten westsächsischen Urkunden- und Literatursprache nach der normannischen Eroberung (§ 17).

2. Geschichte[1].

4. Schon im Altertum waren die britischen Inseln den Phöniziern und Griechen bekannt. Um 350 v. Chr. gelangte der Grieche Pytheas auf seiner berühmten Nordlandfahrt von seiner Vaterstadt Massalia (Marseille) auf

[1] R. H. Hodgkin, A History of the Anglo-Saxons, 2 Bände, Oxford 1935, 3. Aufl. 1959. — Ch. Oman, England before the Norman Conquest, 7th ed., London 1929. — R. W. Chambers, England before the Norman Conquest, London 1926. — F. M. Stenton, Anglo-Saxon England, Oxford 1943, 1947², Neudr. 1950. — H. Preller, Geschichte Englands, Teil I Berlin 1952, Göschenband Nr. 375. — D. Whitelock, The Beginnings of English Society (1952) und English Historical Documents, Vol. I, c. 500—1042 (1955). — P. H. Blair, An Introduction to Anglo-Saxon England, Cambridge Univ. Press 1956. — D. M. Wilson, The Anglo-Saxons, London 1960.

dem Seewege bis in nördlichste Breiten[1]). Die Römer lernten Britannien erst durch die beiden Feldzüge Julius Cäsars 55 und 54 v. Chr. kennen[2]). Cäsar verfolgte die Absicht, sich die Herrschaft über das keltische Gallien zu sichern, das von den keltischen Briten aufgereizt und unterstützt wurde (De Bello Gallico IV, 20). Dies und nicht mehr hat er erreicht. Spätere römische Kaiser eroberten ganz Britannien und sicherten es im Norden durch Grenzwälle (Hadrians- und Piuswall). Seit dem 4. Jh. war die römische Besitzung an zwei Fronten bedroht: Von Norden (Schottland) her überrannten die kriegerischen Keltenstämme der Pikten und Skoten die römischen Schutzwälle, während im Süden germanische Stämme Raubzüge nach den britischen Küsten unternahmen. Entscheidend war schließlich, daß die römischen Legionen aus Britannien 407 zurückgezogen werden mußten, um ihr eigenes Reich gegen die einbrechenden Germanenstämme zu schützen (Einfall der Westgoten in Italien unter Alarich, † 410, Grab im Busento). Bald danach gingen germanische Stämme zur Landnahme in England über. Nach britischen Quellen (Gildas, Nennius) leiteten die Jüten unter Führung von Hengist und Horsa die Eroberung Britanniens bereits im Jahre 428 ein. Ihnen zufolge waren sie von Vortiger(n), dem Führer der nach dem Abzug der Römer sich selbst überlassenen Briten, gegen die Einfälle der Pikten und Skoten zu Hilfe gerufen und auf der Insel Thanet an der Ostspitze Kents angesiedelt worden[3]). Der Angelsachse Bēda (672—735), dessen

[1]) S. Gutenbrunner, Germanische Frühzeit in den Berichten der Antike, Halle 1939.

[2]) R. G. Collingwood & J. N. L. Myres, Roman Britain and the English Settlements, Oxford 1937. — P. H. Blair, Roman Britain and Early England 55 B. C. to A. D. 871, London 1963.

[3]) N. K. Chadwick, Celt and Saxon, Cambridge 1963. — J. DeVries, Kelten und Germanen, Bern 1960.

Kirchengeschichte, die 'Historia ecclesiastica gentis Anglorum'[1]) (731) die Hauptquelle für die Kenntnis der ae. Frühzeit ist, gibt (Buch I, Kap. 15) das Jahr 449 für den Einfall der germanischen Stämme an.

5. Die Germanen kamen in den drei Stämmen der Angeln, Sachsen und Jüten[2]) nach England (Beda I, 15). Wahrscheinlich waren auch Friesen daran beteiligt. Als Stammsitz der Jüten wird von Tacitus[3]), Ptolemäus und Beda die Halbinsel Jütland angegeben, die Angeln saßen nach Beda in „Angulus", d. i. die heute noch so genannte Landschaft „Angeln" zwischen den Städten Flensburg und Schleswig, während die Sachsen südlich davon in Holstein bis zur Ems reichten. Die Friesen bewohnten in jener Zeit wohl die Küstenstriche zwischen Rhein und Weser nebst den vorgelagerten Inseln. – Die Jüten setzten sich im Südosten Englands, etwa im heutigen Kent fest, ferner auf der Insel Wight und dem gegenüberliegenden Küstenstreifen. Die Sachsen besetzten den ganzen übrigen Süden bis zur Themse und griffen an deren Mündung und bei London nach Norden hinauf (Essex, Sussex, Wessex < *Ēast-*, *Sūþ-*, *Westseaxe*). Die Angeln besiedelten das Land nördlich der Themse über die heutige englisch-schottische Grenze hinaus bis zum Firth of Forth. Das Siedlungsgebiet der Friesen läßt sich wegen der großen Sprachähnlichkeit zwischen Angelsachsen und Friesen (§ 2) mit Sicherheit nicht feststellen.

Entsprechend der Siedlung unterscheiden wir drei ae. Dialekte, die gegenüber den zugrunde liegenden nd.

---

[1]) Ed. Ch. Plummer, Oxford 1896; in englischer Übersetzung in der Everyman's Library Nr. 479, deutsch von M. U. Wilden, Schaffh. 1866.

[2]) Oder Euten? Vgl. Th. Siebs, Die Friesen und die nächstverwandten Stämme, in: Mitteilungen der Schlesischen Gesellschaft für Volkskunde 31 (1931), S. 60ff.

[3]) R. Much, Die Germania des Tacitus, Heidelberg 1937. — J. G. C. Anderson, Tacitus' Germania, Oxford 1938.

Mundarten stärker differenziert sind: 1. Kentisch, 2. Sächsisch, 3. Anglisch. Das Anglische wird weiter unterteilt in Mercisch[1]) zwischen Themse und Humber, dessen östlicher Teil gesondert als Ostanglisch bezeichnet wird, und Nordhumbrisch zwischen Humber und Firth of Forth (vgl. die Karte auf S. 10).

Die Kelten wurden von den in großer Zahl eindringenden Germanen entweder unterworfen (s. unter *wealh* § 13) oder nach Westen und den gebirgigen Teilen des Landes verdrängt: nach Cornwall, Wales, Cumbria und Schottland. Kornisch wurde bis etwa 1800 gesprochen, Walisisch (Kymrisch) erfreut sich heute auch literarischer Pflege; das Bretonische wurde seit dem 5. Jh. von auswandernden britischen Kelten nach der Bretagne getragen. Gälisch, die Sprache der berühmten Lieder Ossians, hat sich im schottischen Hochland, Irish in Irland und Manx auf der Insel Man bis heute erhalten. Gegenüber diesen reichlichen Resten des Inselkeltischen haben wir von dem schon am Ende des Altertums ausgestorbenen Festländisch-Keltischen trotz seiner einst so gewaltigen Ausdehnung über Mitteleuropa bis Kleinasien nur spärliche Spuren. Aus dem keltischen Britannien wurde das germanische „England"[2]).

6. Die Bezeichnung für das ganze Land gab der Stamm der Angeln ab, der nach der Übersiedlung in die neue Heimat räumlich, politisch und literarisch im 7. und 8. Jh. das Übergewicht erlangte. Das Übergehen der Vorherrschaft an die Westsachsen im 9. Jh. vermochte daran nichts mehr zu ändern. Die Jüten verloren dagegen schon vor dem 8. Jh. ihre eigene Benennung. Von den Kelten wurden die Germanen in England als „Sachsen" bezeich-

[1]) D. i. 'Märkisch' = Sprache an der 'Mark' (Grenze), nämlich zur walisischen (kelt.) Westmark hin.

[2]) J. L. Weisgerber, Die keltischen Völker im Umkreis von England, Marburg 1941 (Marburger Universitätsreden Nr. 7).

net. Die lateinischen Autoren nannten deren Sprache ursprünglich „lingua Saxonica", bald jedoch auch „lingua Anglica". Beide Stammesnamen der *Saxones* (*Saxonia*) und *Angli* (*Anglia*) wurden anfangs nebeneinander für sämtliche ae. Stämme gebraucht. Papst Gregor der Große und Beda gebrauchen gewöhnlich schon die Bezeichnung „Anglia" für das ganze Land. Die in ae. Sprache schreibenden Schriftsteller wie auch der ws. König Alfred der Große nennen ihre Sprache von Anfang an *enʒlisc*, d. i. anglisch, ihr Land und Volk vorwiegend allgemein *Anʒelþēod* und *Anʒelcynn* oder auch *Anʒelcynnesland*, eine Bezeichnung, die erst gegen Ende des 10. Jhs. durch *Enʒlaland* (= Land der Angeln), dem heutigen England, ersetzt wird. Wilhelm I. verwendet noch um 1070 in ein und demselben Gesetzesparagraphen *ofer eall Anʒelcynn* neben *ofer eall Enʒlaland* (s. Liebermann S. 483). Die heutige Form *England* taucht schon um 1100 auf. Die Zusammensetzung *Angli*(*o*)-*Saxones* wurde auf dem Kontinent geprägt und drang erst in spät-ae. Zeit nach England. Das Adj. lat. *Anglosaxonicus*, engl. *Anglosaxon* ist eine Neuschöpfung des 18., das deutsche *angelsächsisch* (ags.) eine Nachbildung davon aus dem 19. Jh. Wir bezeichnen in diesem Buch (mit Luick, § 14 Anm.) die Sprache der Angelsachsen als altenglisch (ae.).

7. Die Germanen kamen als Heiden in das christianisierte Britannien, wohin wahrscheinlich schon im 2. Jh. das Christentum von der gallischen Kirche aus Gallien gebracht worden war. Sie bewahrten ihren alten Wodansglauben noch 150 Jahre lang[1]).

---

[1]) E. A. Philippson, Germanisches Heidentum bei den Angelsachsen, Leipzig 1929. — J. DeVries, Altgermanische Religionsgeschichte, Bd. I Berlin 1935, Bd. II 1937, 1957.

Die Christianisierung Englands[1]) wurde fast gleichzeitig von Norden und Süden unternommen, einerseits von der iroschottischen Kirche unter Columba († 597) und Aidan mit den Inseln Iona und Lindisfarne (heute: Holy Island) als Stützpunkten und York als Hauptstadt, anderseits von der römischen Kirche unter Papst Gregor dem Großen und seinem Sendboten Bischof Augustin 596 von Kent (Canterbury) aus. Die Bekehrung Irlands (432–461) war das Werk des romanisierten Briten St. Patrick gewesen. Der irische Missionar Columba verpflanzte dann (563) das irische Christentum nach Schottland. Nach wechselvoller Missionsgeschichte Englands, die aufs engste mit seiner politischen Geschichte verbunden ist, fiel auf der Synode von Streonesh(e)alh (= Whitby) 664 durch den christlichen Nordhumbrerkönig Oswiu die Entscheidung zugunsten der strafforganisierten dogmatisch-hierarchischen römischen Weltkirche gegenüber der lockeren praktisch-individuellen keltischen Mönchskirche[2]), deren Klöster bedeutende Pflegstätten klassischer Gelehrsamkeit waren und noch lange Zeit blieben. Das zwischen beiden liegende heidnische Mercien hatte erst mit dem Fall König Pendas 655 eine vollständige Christianisierung Englands ermöglicht. Schon fünf Jahre nach der Synode von Whitby wurde 669 durch Theodor, den griech. Philosophen und Erzbischof von Canterbury, die kirchliche Einung Englands erreicht[3]). Die im 7. und 8. Jh. folgende Blütezeit für den

---

[1]) C. J. Godfrey, The Church in Anglo-Saxon England, Cambridge 1962. — E. A. Fisher, The Greater Anglo-Saxon Churches, London 1962.

[2]) H. Zimmer, The Celtic Church in Britain and Ireland, Oxford 1902.

[3]) Beda, Hist. Eccl. IV, 2 (A. D. 669): 'Theodore ... assisted by Hadrian ... was the first archbishop whom all the English church obeyed. ... there are still living at this day some of their scholars, who are as well versed in the Greek and Latin tongues as in their own, in which they were born.'

christlichen Humanismus und die ae. Dichtung, die sich gegenseitig tiefgehend beeinflußten, hat ihre bedeutendsten Vertreter in dem aus Westsachsen gebürtigen Gelehrten Aldhelm (639–709) einerseits und dem unbekannten Beowulf-Dichter andererseits.

8. In England hatten sich die germanischen Stämme[1]) zu sieben Königreichen (der sog. Heptarchie), die sich ständig befehdeten, zusammengeschlossen: Kent, Sussex, Wessex, Essex, East Anglia, Mercia, Northumbria. Die Vorherrschaft über ganz England wanderte vom 7.–9. Jh. innerhalb der drei mächtigsten Königreiche von Norden nach Süden: Nordhumbrien (unter Edwin und Oswiu) → Mercien (unter Penda und Offa) → Wessex (unter Egbert und Alfred d. Gr.).

Die Angelsachsen brachten das bis in die Zeit nach der Völkerwanderung bei allen germanischen Stämmen mündlich überlieferte germanische Gewohnheitsrecht mit sich vom Festland nach England. Während die ältesten germanischen Rechtsaufzeichnungen vom 5. bis zum 9. Jh. (Lex Salica, Lex Ribuaria, Lex Baiuvariorum usw.) in Schrift und Sprache der Antike entlehnt sind und auch die königliche Gesetzgebung des fränkischen Reiches in lateinischer Sprache abgefaßt ist, erscheint die angelsächsische Gesetzgebung vom 7.—11. Jh. schon in ihren frühesten schriftlichen Denkmälern in der Volkssprache[2]). Seit der Mitte des 8. Jhs. werden

---

[1]) A. Olrik, Nordisches Geistesleben in heidnischer und frühchristlicher Zeit, Deutsch von W. Ranisch, Heidelberg 1925². — A. Heusler, Germanentum (Vom Lebens- und Formgefühl der alten Germanen), Heidelberg 1934. — T. E. Karsten, Die Germanen. Eine Einführung in die Geschichte, Sprache und Kultur. Berlin 1928. In: Grundriß der germ. Phil., Bd. 9. — H. M. Chadwick, Studies on Anglo-Saxon Institutions, repr. New York 1963.

[2]) F. Liebermann, Die Gesetze der Angelsachsen, 3 Bände, Halle 1903 bis 1916 (mit Glossar in II, 1). — K. A. Eckhardt (Ed.), Gesetze der Angelsachsen 601—925, Göttingen 1958.

auch die Urkunden vorwiegend in altenglischer Sprache abgefaßt[1]), in Kent schon von 676 an (ed. Sweet, EETS 83). Dagegen hat sich die deutsche Sprache in Rechtsaufzeichnungen erst seit dem 13. Jh. entscheidend durchzusetzen vermocht, nachdem der Sachsenspiegel (um 1220 entstanden), der zunächst in Latein abgefaßt war, durch den sächsischen Schöffen und Ritter Eike von Repgow mit großer Mühe „ohne Hilfe und ohne Lehre ins Deutsche gewandt" worden war.

Egbert (ae. *Ecȝbriht*) von Wessex (802–839), der am Hofe Karls des Großen gedient hatte, begründete nach seinem Sieg über die Mercier den englischen Einheitsstaat unter westsächsischer Führung. Winchester wurde zur Hauptstadt des Landes. Unter seiner Regierung und der seiner Nachfolger begannen die Einfälle der Skandinavier (von den Angelsachsen unterschiedslos *Dene* oder *hǣþene* 'Dänen, Heiden' genannt), die schon seit 787 die Küsten Englands regelmäßig geplündert hatten. Sie erreichten 867 ihren Höhepunkt, als die Wikinger von den drei Königreichen der Angeln Besitz ergriffen und somit $^2/_3$ des ganzen Landes, die sog. *Denalaȝu* (Danelaw), unter ihre Herrschaft brachten[2]). Als Einfallstore dienten ihnen Humbermündung und Wash. Die Sachsenchronik, das älteste Geschichtswerk in germanischer Sprache, berichtet über die folgenden Unglücksjahre (s. S. 126ff.).

9. Der Retter des durch Wessex verkörperten Südengland wurde Egberts Enkel Alfred der Große (871 bis

[1]) Gesammelt von J. M. Kemble, Codex diplomaticus aevi Saxonici, 6 Bände, London 1839—1848 und B. Thorpe, Diplomatarium aevi Saxonici, London 1865. — W. B. Saunders, Facsimiles of Anglo-Saxon manuscripts, 3 Bände, Southampton 1878—1893. — D. Whitelock, Anglo-Saxon Wills, Cambridge 1930. — A. J. Robertson, Anglo-Saxon Charters, Cambridge 1939.

[2]) W. G. Collingwood & F. York Powell, Scandinavian Britain, London 1908. — P. H. Sawyer, The Age of the Vikings, London 1962. — A. J. Gurevich, Campaigns of the Vikings, Moscow 1966.

900)[1]), der den Dänenfürsten Guthrum besiegte und in die *Denalazu* zurückwies (Vertrag von Wedmore 878). Nach einem Vertrag im Jahre 886 wurde sein Reich von der *Denalazu* durch die Themse, walisische Grenze und Watling Street (*strata Vitelliana*, alte Römerstraße, die von Dover über Canterbury und Rochester nach London führte) geschieden. Er führte ein großes Wiederaufbau- und Bildungswerk seines Landes durch, in das er Kräfte von überallher einspannte. Seine Zeit war der heldischen Dichtung entwachsen und wandte sich Lebensfragen zu. Durch Übersetzung führender lateinischer Bücher der Zeit ins Westsächsische, teils durch ihn selbst, teils unter seiner Aufsicht, verschaffte er seinem Volk Bildungsstoffe. So wurden übersetzt: die „Cura Pastoralis" (ae. *Hierdebōc*) Papst Gregors[2]), die Weltchronik „Historia adversus Paganos" des spanischen Mönchs Orosius (5. Jh.)[3]), Bedas „Historia ecclesiastica"[4]), Boethius' „De Consolatione Philosophiae"[5]), Augustins „Soliloquia"[6]) und schließlich die „Dialoge Gregors"[7]); die Sachsenchronik wurde fortgeführt, die anglische Dichtung in den westsächsischen Dialekt umgeschrieben. Alfreds Vorrede zu Gregor, abgesehen von den Annalen das erste bedeutende (wenn auch häufig noch schwerfällige) ae. Prosastück, bildet den Prolog zu seiner kulturellen Tätigkeit, sein Vorwort zu Au-

---

[1]) Über Alfreds Todesjahr (899 oder 900) vgl. Smith (S. 126[3]), S. 52. — Ch. Plummer, The Life and Times of Alfred the Great, Oxford 1902. — P. J. Helm, Alfred the Great, London 1963.

[2]) H. Sweet, King Alfred's West-Saxon Version of Gregory's Pastoral Care, with an English Translation, London 1871/72 (Early English Text Society 45. 50.).

[3]) H. Sweet, King Alfred's Orosius, London 1883, Early English Text Society 79.

[4]) J. Schipper, König Alfreds Übersetzung von Bedas Kirchengeschichte („Bibl. der ags. Prosa" Bd. IV), Leipzig 1897—1899.

[5]) Kurt Otten, König Alfreds Boethius, Tübingen 1964.

[6]) W. Endter, König Alfreds des Großen Bearbeitung der Soliloquien des Augustinus, Hamburg 1922. („Bibl. der ags. Prosa" Bd. XI.)

[7]) H. Hecht, Die Dialoge Gregors des Großen, Hamburg 1900—1907. („Bibl. der ags. Prosa", Bd. V.).

gustin deren Epilog. Durch diese Übersetzungen legte Alfred die Grundlage für die ae. Prosa, die ein Jahrhundert später in Abt Aelfric und dem Homiletiker Wulfstan (ed. A. Napier 1883, K. Ostheeren 1966) eine neue Blüte erlebte. Zugleich wurde sein ws. Dialekt zur gemeinenglischen Literatursprache erhoben (s. § 17).

10. Alfreds Nachfolger Edward, Athelstan und Edmund dehnten ihre Macht auch auf das Danelaw-Gebiet aus. Dunstan (924-988), Erzbischof von Canterbury, führte als Berater mehrerer englischer Könige etwa in der Stellung eines Richelieu die Benediktiner-Reform im Geiste der frz. Klöster Cluny und Fleury in England durch[1]). Bei seinem Tode wurde England unter dem schwachen Ethelred (978-1016) von neuen Skandinavierscharen, geführt vom Dänenkönig Sweinn, überschwemmt. Sweinns Sohn Knut der Große (1016–1035) machte sich zum Herrscher über ganz England, vereinigte zum ersten Male Dänemark und Norwegen und schuf damit eine große nördliche Seemacht, die unter seinen Söhnen jedoch wieder zerfiel.

11. Der letzte Herrscher aus dem westsächsischen Königshaus, Eduard der Bekenner (1042—1066)[2]), wandte Englands Gesicht von Skandinavien nach Frankreich. Er hatte seine Jugend in der Normandie zugebracht und besetzte bei seinem Regierungsantritt hohe Ämter in Kirche und Staat mit normannischen Günstlingen (der Normanne Robert von Jumièges z. B. wurde Erzbischof von Canterbury). Er ist der Wegbereiter der neuen und letzten großen Invasion Englands: der normannischen Eroberung von 1066. Bei seinem Tode (1066) wurde Harold, der Sohn des mächtigen ags. Herzogs Godwin († 1053), vom *witena ȝemōt* zum König gewählt. Doch noch im gleichen

[1]) R. W. Southern, The Life of Edward the Confessor, London 1965.
[2]) J. A. Robinson, The Times of Saint Dunstan, Oxford 1923.

Jahre erhob der Normannenherzog Wilhelm der Eroberer Ansprüche auf den englischen Thron und setzte mit einem Heer nach England über. Wie einst das keltische Britannien dem Zweifrontenangriff von Pikten und Skoten im Norden und Germanen im Süden erlag, so wurde jetzt das ags. England im Herbst 1066 im Norden von Skandinaviern, im Süden von Normannen angegriffen, und wieder fiel der Sieg den südlichen Angreifern zu. Am 14. Oktober wurden die Engländer bei Senlac (Hastings) von den kriegstechnisch überlegenen Normannen[2]) völlig geschlagen, und Weihnachten 1066 ließ sich Wilhelm zu Westminster krönen[3]). Die ae. Zeit hatte damit auch äußerlich ihren Abschluß gefunden.

3. Literaturperioden.

12. Der Niederschlag der vier folgenreichsten Ereignisse in der ae. Geschichte:

1. Einfall der Germanen in England (428) 449,
2. Einführung des römischen Christentums 596,
3. Beginn des ae. Einheitsstaates unter ws. Führung 827,
4. Eroberung Angliens durch die Skandinavier 867,

erscheint in der ae. Literatur[4]), deren älteste Quellen mit dem Anfang des 8. Jhs. einsetzen, als:

a) Die altnationale Dichtung (Heil- und Zauberdichtung, Wīdsīþ, Beowulf, Finnsburg, Waldere).

[2]) C. W. Hollister, Anglo-Saxon Military Institutions on the Eve of the Norman Conquest, Oxford 1962.

[3]) Alan Lloyd, The Year of the Conqueror, London 1966. — David C. Douglas, William the Conqueror, London 1964. — H. R. Loyn, The Norman Conquest, London 1965. — Denis Butler, 1066 — The Story of a Year, London-New York 1966.

[4]) Fr. Schubel, Englische Literaturgeschichte I: Die alt- und mittelenglische Periode, Berlin 1954, 1967[2] (Göschenband Nr. 1114) verzeichnet auf S. 7—8 die wesentlichsten Darstellungen der altenglischen Literatur, wozu M. M. Dubois (Paris 1962), D. M. Zesmer (London-New York 1961), Margaret Schlauch (Warszawa 1956, Weimar 1967, London 1967) u. a. zu ergänzen sind.

b) Die christliche Dichtung (Cædmon, Cynewulf, Elegien, Hymnen, Bibelepen, Legenden, Rätsel, didaktische Dichtung, Weltuntergangsdichtung).
c) Die altenglische Schriftliteratur (Übersetzungsliteratur, Umschrift der anglischen Dichtung ins Westsächsische, Prosa, König Alfred, Aelfric, Wulfstan).
d) Erlöschen der anglischen Dichtung (die neuen Herren Angliens sprachen skandinavisch).

4. Einfluß fremder Sprachen auf das Altenglische.

13. Das Keltische.

Sein Einfluß auf das Ae. war sehr gering (s. § 5). Nur etwa ein Dutzend Wörter wurden entlehnt, die zwei verschiedenen Schichten angehören: 1. einer mündlich-volkstümlichen und 2. einer theologisch-gelehrten der irischen Mission[1]).

Gesicherte Beispiele zu 1.: ae. *assa* 'Esel' (< air. *assan*), ne. *ass*; ae. *binn* 'Korb', ne. *bin* 'Behälter'; ae. *bratt* 'Mantel', ne. schott. *brat* 'Schürze'; ae. *brocc* 'Dachs', ne. dial. *brock*, sonst *badger*; ae. (ndh.) *carr* 'Felsen', ne. dial. *carr*; ae. *-cumb* 'Tal' in Ortsnamen, ne. *coomb*, *combe* 'Talmulde'; ae. *luh* 'See', ne. *loch*, *lough*; ae. *wealh* 'der Fremde, Welsche, Sklave[2])' = Mann aus Wales (!); -- zu 2.: ae. *drȳ* 'Zauberer' (< air. *drūi*, Pl. *drūid* 'Druide, Zauberer, Weiser'); ae. *cursian* 'fluchen' (kelt.?), ne. *curse*; ae. *ȝabolrind* in den ältesten Glossaren als Übersetzung von lat. *circinus* 'Zirkel' (< air. *ȝabul* 'Gabel' und *rind* 'Spitze'). Dazu kommen verhältnismäßig zahlreiche kelt. Personen-, Orts- und

---

[1]) M. Förster, Keltisches Wortgut im Englischen, Halle 1921. (Liebermann-Festschrift S. 119–242.)

[2]) F. Holthausen, Altenglisches etymologisches Wörterbuch, Heidelberg 1934. — Vgl. nhd. *Slave* > *Sklave* — (Kluge-Mitzka, Etymologisches Wörterbuch der deutschen Sprache, Berlin 1967[20].

Flußnamen[1]). Ein kelt. Lehnwort aus urg. Zeit ist ae. *riče* (got. *reiki*, ahd. *rīhhi*, aisl. as. *rīki*) 'Reich', das von den Germanen nach England mitgeführt wurde.

14. Das Lateinische.

Der bedeutend stärkere Einfluß der lat. Sprache auf die ae. mag in zwei Perioden aufgeteilt werden: die vor- und nachchristliche (596). Zu der ersten[2]) gehören alle die Wörter, welche die Angeln, Sachsen und Jüten mit sich vom Kontinent nach England führten, z. B. ae. *wīn*, *strǣt strēt*, *mynet*, *mīl*, *mylen*, *assa* < lat. *vīnum*, *strāta* (*via*), *monēta*, *mīlia*, *molīna*, *asinus*, wie auch solche, die sie erst nach ihrer Übersiedlung von den romanisierten Kelten übernahmen, z. B. ae. *čeaster*, *seȝn* 'Feldzeichen', *port* < lat. *castra*, *signum* (vulgärlat. *segno*), *portus*. Die auf dem Kontinent aus dem Lat. entlehnten Wörter beziehen sich hauptsächlich auf Handel, Verkehr und Wirtschaft, während die erst in England von den Germanen übernommenen Bezeichnungen sich besonders auf Kriegs- und Siedlungswesen erstrecken. Der „Beowulf" weist etwa zwanzig lat. Lehnwörter auf: *ancor*, *camp*-*cempa*, *candel*, *čēap*, *čeaster*, *dēofol*, *disc*, *draca*, *ȝīȝant*, *ȝim*(*m*), *ȝe*-*lafian*, *mīl*, *nōn*, *orc*, *scrīfan*, *seȝn*, *strǣt*, *træf*, *weal*(*l*), *wīč*, *wīn* < lat. *ancora*, *campus*, *candēla*, *caupō* 'Schenkwirt', *castra*, *diabolus*, *discus*, *dracō*, flekt. *gigant*-, *gemma*, *lavāre*, *mīlia* '1000 Schritte', *nōna* (*hōra*), *orca*-*orcus*, *scrībere*, *signum*, *strāta* (*via*), *trabs* 'Balken', *vallum*, *vīcus*, *vīnum*.

Weit mehr Lehnwörter drangen mit der Christianisierung ins Englische[3]). Die griech.-lat. Terminologie wurde wie auf dem Kontinent auf den Gebieten der Kirche, des Klosters, des Schulwesens, der Medizin, des Gartenbaus

[1]) M. Förster, Der Flußname Themse und seine Sippe, München 1941.
[2]) A. Pogatscher, Zur Lautlehre der griech., lat. und roman. Lehnworte im Ae., Straßburg 1888.
[3]) H. S. Mac Gillivray, The Influence of Christianity on the Vocabulary of Old English, Halle 1902. — O. Funke, Die gelehrten lat. Lehn- und Fremdwörter in der ae. Literatur, Halle 1914.

usw. herrschend: ae. *biscop, prēost, offrian, abbod, munuc, scōl, mæȝester, læden, līlie, butere* usw. < lat. *episcopus, praepositus*[1]), *offerre, abbātem* (N. *abbās*), *monachus, schola, magister, latīnus* (vulg.-lat. *ladīnus*), *līlium* (Pl.-*a*), *butyrum*. Doch waren den Angelsachsen schon lange vor ihrer Bekehrung einige christliche Bezeichnungen vertraut, wie ae. *ċiriċe, mynster, dēofol, enȝel* < vulg.-lat. *cyrīca* (gr. Pl. *kuriaká*), lat. *monastērium, diabolus, angelus*. Recht interessante Aufschlüsse bietet die in vollem Umfang noch nicht geleistete Untersuchung, wie die Inselgermanen neben der bloßen Übernahme des lat. Fremdworts die Fülle der neuen und wesensfremden Vorstellungen des Christentums sprachlich zum Ausdruck brachten (vgl. § 3).

Durch die späteren, besonders ws. Übersetzungen aus dem Lateinischen ist auch die englische Syntax beeinflußt worden[2])

15. Das Skandinavische.

Trotz der großen Skandinavierscharen, die nach ihrem Einfall in England (s. §§ 8, 10) das Schwert mit dem Pflug vertauschten, lassen sich vor 1100 im Ae. nicht mehr als etwa fünfzig Lehnwörter aus dem Skandinavischen mit einiger Sicherheit nachweisen[3]). Anderseits taucht in frühme. Zeit eine große Anzahl skand. Wörter auf, und schon seit dem Jahre 1000 etwa überwiegen in gewissen Gebieten Englands skand. Personen- und Ortsnamen[4]). Diese auffällige Tatsache erklärt sich von verschiedenen Seiten her: Altenglisch und Altnordisch ähnelten sich noch sehr und

---

[1]) Aber ahd. *prēstar*, nhd. *Priester* < lat. *pres(by)ter* (W. Horn, Sprachkörper S. 15).

[2]) J. E. Wülfing, Die Syntax in den Werken Alfreds des Großen, (2 Bände) Bonn 1894—1901. — Manfred Scheler, Altenglische Lehnsyntax. Die syntaktischen Latinismen im Altenglischen. Berlin 1961.

[3]) E. Björkman, Scandinavian Loan-Words in Middle-English, Part I, Halle 1900, S. 3; Part II, 1902.

[4]) Ders., Nordische Personennamen in England, Halle 1910. — E. Ekwall, Scandinavians and Celts in the North-West of England, Lund 1918.

hatten in unzähligen Fällen dieselbe Wortform (vgl. § 44, I c, II c); der Verschmelzungsprozeß der beiden germ. Dialekte war noch nicht durchgeführt; der skand. Einfluß war in Südengland (Alfred der Große), das uns die ae. Literatur in ws. Abschriften übermittelt hat, nur gering. Erst später drangen die skand. Lehnwörter von Norden her ein Daß aber selbst nordische Formwörter, besonders die Pronomen me. *þei*, *þeire*, *þeim* (ae. *hīe*, *hi(e)ra*, *him*) ins Englische gedrungen sind – wofür es in anderen Sprachen keine Parallele gibt – beweist die tiefe Einwirkung des verwandten Skandinavischen. In vielen Fällen hat es auch Ausdrücke des täglichen Lebens verdrängt: ae. *tacan* (für *niman*), *ȝe-crōcod* zu **crōc*, *fēolaȝa*, *hūsbonda*, *rōt* < aisl. *taka*, *krōkr*, *fēlagi*, *hūsbōndi*, *rōt* (ne. *take*, *crooked*, *fellow*, *husband*, *root*). Daneben lieferte es eine Anzahl von Rechtsausdrücken, die jedoch infolge der Eroberung Englands durch die Normannen und ihrer neuen Rechtsprechung bis auf folgende wieder aus der englischen Sprache verschwunden sind: ne. *law* < ae. *laȝu* < ur-nord. **lagu* (aisl. *lǫg* Pl.); ne. *bylaw* < ae. *bȳ* 'Häusergruppe', häufig in Ortsnamen (*Whitby*, *Derby*) < aisl. *bȳ*; ne. *outlaw* < ae. *ūtlaȝa* < aisl. *ūt-lagi*; ne. *wrong* < ae. *wranȝ* < anorw. *vrang*; ne. *thrall* < ae. *þrǣl* < aisl. *þrǣll*; ne. *crave* < ae. *crafian*, zu aisl. *krefja*, *krǫf* 'Forderung', Etym. zweifelhaft.

16. Das Französische.

An frz. Wörtern lassen sich im Englischen vor 1066 nur drei mit Sicherheit nachweisen: *prūd*, *-t* 'stolz', *sott* 'dumm', *turnian* 'wenden' (ne. *proud*, *sot*, *turn*).

5. Die altenglische Schriftsprache.

17. In Alfreds des Großen Zeit begann eine Art ws. Gemeinsprache, die sich im späten 10. und frühen 11. Jh. über ganz England ausbreitete und gleicherweise in York wie in Canterbury bekannt war. In eben dieser ws. Schriftsprache und ws. Schulorthographie ist uns die gesamte ae. Dichtung in den vier genannten Handschriften (§ 1) überliefert. Die Heimstätte der ae. Dichtung aber war der Norden Englands (Anglien). Die Westsachsen haben die anglischen Texte in ihre Mundart umschrieben. Wir kennen die ae. Sprache daher in der Hauptsache nur in ws. Mundart, während die heutige englische Hochsprache sich aus dem Anglischen, dem großen Mittelland-Dialekt herleitet.

In der Einleitung zu seiner Ausgabe von König Alfreds Übersetzung der „Cura Pastoralis" Gregors des Großen für die Early English Text Society 1871 hat Henry Sweet das sog. Frühwestsächsische („Early West-Saxon"), das ist im wesentlichen die Sprache Alfreds, zur Grundlage des Studiums der ae. Sprache gemacht. Indem er neben der „Cura Pastoralis" Alfreds Orosius-Übersetzung und die älteste Handschrift (Parker Ms.) der Sachsenchronik (s. S. 126[3]) heranzog, schuf er ein normalisiertes Altenglisch, genauer Westsächsisch. Auf dieser Basis schrieben dann P. J. Cosijn[1]) (auf der Grundlage von König Alfreds *Hierdebōc*), E. Sievers[2]), J. and E. M. Wright[3]), um nur die wichtigsten zu nennen, ihre ae. Grammatiken, so daß heute Sweets normalisiertes Frühwestsächsisch schlechthin als Altenglisch gilt[4]).

[1]) Altwestsächsische Grammatik: Erste Hälfte, Haag 1883; Zweite Hälfte 1886.

[2]) Angelsächsische Grammatik, Halle 1881. 2. Aufl. (wesentlich umgearbeitet) 1886, 3. Aufl. (erweitert und verbessert) 1898, unveränderter Abdruck 1921. — In der Neubearbeitung von K. Brunner 1942 sind auch die nichtwestsächsischen Mundarten weitgehend berücksichtigt.

[3]) Old English Grammar, Oxford 1908. (3. Aufl. Oxford 1925.)

[4]) Selbst das ausgezeichnete 'Shorter Oxford Dictionary' (1933) gibt z. B. noch als Etymon von ne. *hear* = ae. (ws.) *hīeran* statt ae. (angl.) *hēran* an, und F. Holthausens 'Altenglisches etymologisches Wörterbuch' (1934) beschränkt sich ausschließlich auf die frühwestsächsischen Formen.

Mit demselben und vielleicht sogar mit mehr Recht könnte man auch das Spätwestsächsische (Late West-Saxon) in Aelfrics (um 1000) 'Sermones Catholici' oder 'Homiliae Catholicae' (hsg. mit Übersetzung von B. Thorpe, London 1844-46) und seiner lateinischen Grammatik (hsg. von J. Zupitza, Berlin 1880) zur Grundlage der ae. Grammatik machen[1]); denn sprachlich sind sie regelmäßiger und natürlicher als Sweets normalisiertes „Early West-Saxon“ und künstlerisch als freie Schöpfung den Übersetzungen aus Alfreds Kreis überlegen. Doch ob das eine oder das andere, sie können uns beide nicht als Ausgangspunkt der heutigen englischen Hochsprache dienen. Es ergibt sich also: *für das Studium und die Lektüre der ae. Denkmäler – vorwiegend die (früh- oder spät-) westsächsische Grammatik; für die Sprachgeschichte – hauptsächlich die anglische Grammatik.* Die erste ist in ae. Handbüchern hinreichend dargestellt, die letztere entbehrt aus Mangel an anglischer Überlieferung noch einer zweckdienlichen Bearbeitung.

Mit der normannischen Eroberung fand die ae. Gemeinsprache ihr Ende, und die Dialekte wurden wieder herrschend. Die neuen Herren Englands aber sprachen französisch. Es dauerte lange, ehe sich ein zweites Mal eine Gemeinsprache in England herausbildete (um 1400), aus der dann schließlich die ne. Hochsprache hervorging: das me. London trat an die Stelle des ae. Winchester.

6. Der altenglische (altgermanische) Vers.

18. Der Vers der ae. Dichtung[2]) ist der aus dem Urgermanischen ererbte und gemeingermanische Stabreim-

[1]) C. L. Wrenn, "Standard" Old English. Philological Society's Transactions 1933, pp. 65—88.

[2]) A. Heusler, Deutsche Versgeschichte, Bd. I, Berlin und Leipzig 1925. — E. Sievers, Altgermanische Metrik, Halle 1893, 2. Aufl. 1905. — W. P. Lehmann, The Development of Germanic Verse Form, Austin 1956.

vers (der Ausdruck findet sich zuerst in der Verslehre des Isländers Snorri Sturluson um 1220; die andere Bezeichnung 'Alliteratio(n)' prägte der Humanist Jovianus Pontanus, † 1503, für die Stabreime im Lateinischen). Aus ahd. Dichtung sind uns nur etwa 200 Stabreimzeilen überliefert (Hildebrandslied, Muspilli usw.), aus as. (Heliand und Genesis-Bruchstücke) rund 6000 plus 335, aus aisl. 7300 eddische Langzeilen (Heusler, S. 89[1]), aus ae. dagegen etwa 30000. Im Gegensatz zum antiken quantitierenden (metrischen) Vers mit Wechsel von kurzen und langen Silben ist der germanische akzentuierend (rhythmisch) mit Wechsel von stark- und schwachbetonten Silben. Der Stabreim ist Gipfelbildner, er dient der akustischen Steigerung von Starkdrucksilben und verleiht dem altgermanischen Vers den Rhythmus. Unter 'Stabreim' versteht man den gleichen Anlaut der am stärksten betonten Wörter innerhalb einer germ. Lang- oder Vollzeile, durch den deren zwei Kurz- oder Halbzeilen, die durch eine Pause (Zäsur) getrennt sind, zusammengehalten werden. Da nach germ. Druckverteilung (s. § 47) die Wurzelsilbe eines Wortes, die meist die Anfangssilbe ist, den Starkdruck trägt, stellt der Stabreim einen (emphatisch-rhetorischen) Anlautreim im Gegensatz zum späten (melodischen) Endsilbenreim dar.

Es 'staben':

1. Stets der gleiche Anfangskonsonant, doch die Verbindungen *sc*, *st*, *sp* nur je mit sich selbst (konsonantischer Stabreim):

Beow. 18f. Bēowulf wæs brēme, blǣd wīde spranȝ,
Scyldes eafera, Scedelandum in.

Beowulf wurde berühmt, – sein Ruhm verbreitete sich weithin, – der Sohn des Scyld, in Schonen (Dänemark).

2. Alle Vokale nach Belieben miteinander (vokalischer Stabreim):

Beow. 3 hū þā æþelinȝas ellen fremedon.
Vgl. S. 38 o.

Beow. 33 īsiȝ ond ūtfūs æþelinȝes fær.

(Da lag im Hafen das am Steven beringte Schiff) eisbedeckt und fahrtwillig, das Fahrzeug des Edlen.

Die Erklärung, daß im Gegensatz zu gleichen Konsonanten verschiedenartige Vokale miteinander staben, liegt vielleicht darin, daß im Ae. (wie teilweise nhd., nicht aber ne. und nfrz.) zumal bei den stabbildenden Anlautvokalen ein Knackgeräusch, ein Kehlkopfverschlußlaut (glottal stop) erzeugt wurde, so daß auch hier Gleichklang und eigentlich konsonantischer Stab vorlag. Weniger wahrscheinlich ist die Annahme, urgermanisch hätten nur gleiche Vokale gestabt, bis sie unter Einfluß von Nachbarlauten verändert worden seien und das Muster für die Ungleichheit in den anderen Vokalen abgegeben hätten.

Ursprünglich deckten sich germ. Langzeile und Satz (sog. strenger Zeilenstil), später bildeten zwei Langzeilen eine Einheit (sog. freier Zeilenstil wie im „Finnsburglied"), und schließlich stehen Langzeile und Satz im Widerspruch (sog. Bogenstil wie im „Beowulf"). Die germ. Langzeile hat gewöhnlich vier (jede Halbzeile zwei) Starkdrucksilben, aber nur zwei oder drei von ihnen tragen den Stabreim. Den vier Starkdrucksilben entspricht eine beliebige Anzahl von Schwachdrucksilben (also kein regelmäßiger Wechsel). In der zweiten Halbzeile stabt stets nur eine, und zwar die erste Starkdrucksilbe, so daß man von dieser am besten zur Bestimmung des Stabes einer Langzeile ausgeht. Die drei normalen Stellungen sind (st. = stabende, stl. = stablose Starkdrucksilbe):

1. st. st. ⎫
2. st. stl. ⎬ st. stl.
3. stl. st. ⎭

Die stabenden Starkdrucksilben werden mit größerem Nachdruck als die stablosen gesprochen. In der Regel tragen die Nomina (Substantiv, Adjektiv, Nominaladverb, Infinitiv und Partizip) den Stabreim, da dieser nur die stärkstbetonten Wörter des Verses hervorheben soll, es folgen die Verba und schließlich die Formwörter (Pronomen, Hilfsverb, Präposition, Konjunktion, Pronominaladverb, Partikel), so daß sich folgende Stufenleiter abnehmender Druckstärke der einzelnen Wortklassen ergibt: Nomina → Verba → Formwörter. Die letzten staben gewöhnlich nicht, es sei denn bei starkem Nachdruck:

Beow. 1654 *t*íres tō *t*ā́cne þe þū hēr *t*ṓ lṓcast.

... zum Zeichen des Ruhms, auf die (*þe* .. *tō*, zu *sǣlāc* Seebeute) du hier blickst.

Beow. 2796 *é*cum drýhtne þe ic hēr *ó*n stárie.

... dem ewigen Herrn, auf die (*þe* .. *on*, zu *frætwa* Schätze) ich hier schaue.

Ae. ungenaue Stabreime (wie Beowulf 13: *ʒeonʒ in ʒeardum* / *þone ʒod sende*) erklären sich historisch (§ 44, Ia). Im allgemeinen werden die alten Stabreimgesetze schon ae. recht schematisch angewandt, spät-ae. vernachlässigt und in me. Zeit (wo die Stabreimdichtung im westlichen und nordwestlichen Mittelland bis etwa 1400 fortlebte) wie auch in neuerer (W. Morris, R. Wagner) nicht mehr verstanden. Sie wurden erst spät erkannt und dargestellt[1]). Bis heute hat sich der Stabreim in voller Kraft auf Island erhalten.

Um die Frage, wie der germanische Vers zu lesen sei, hat sich E. Sievers mit seinem „Fünftypensystem" (s. Kaluza, § 27 ff.) bemüht[2]), ist aber später wieder davon abgekommen[3]). Seine fünf Typen oder Grundformen für den metrischen Bau der Halbzeile sind (wobei x eine oder mehrere Silben unter dem Schwachdruck darstellt):

1. _́ x _́ x
2. x _́ x _́
3. x _́ _́ x
4. _́ _́ _̀ x
5. _́ _̀ x _́

Auf dem wertvollen statistischen Material von E. Sievers' Untersuchungen aufbauend, hat A. Heusler unter Berücksichtigung der Zeitwerte und unter Ansetzung von Pausen an Stelle gesprochener Silben seine „Zweitaktlehre" entwickelt. Herm. Möller und andere hatten schon Vorarbeit geleistet (Heusler, Versgeschichte § 180). Heusler verleiht dem Kurzvers (der Halbzeile) den Wert von zwei vollen Noten (zwei Langtakten), die er in $\frac{1}{2}$, $\frac{1}{4}$, $\frac{1}{8}$, $\frac{1}{16}$ Noten aufteilt. Die Langzeile besteht aus vier Gipfeln = vier $\frac{4}{4}$ Takten. Der Vers erhält dadurch sprachgemäßen natürlichen Rhythmus, die Reimstäbe werden wirksam zu Gehör gebracht. „Das 'Rezept', die Verse metrisch zu lesen, ist einfach. Über die zwei Gipfel des

---

[1]) M. Rieger, Die alt- und angelsächsische Verskunst, Halle 1876 (Zeitschrift für deutsche Philologie VII, Heft 1).

[2]) E. Sievers, Zur Rhythmik des germ. Alliterationsverses („Beiträge zur Gesch. der deutschen Sprache u. Lit." Bd. X, 1885, S. 209—314, 451 bis 545); Ders., Der ags. Schwellvers („Beiträge" Bd. XII, 1887, S. 454—482).

[3]) Die Neueren Sprachen (1925), 6. Beiheft (Luick-Festschrift): 'Zu Cynewulf'. — Heusler, § 165.

Kurzverses besteht selten Zweifel, und damit ist das weitere meist gegeben." (Heusler, S. 140 unten.) Es folgt Heuslers metrische Umschrift (S. 143f.) von Cædmons Hymnus (s. auch S. 121 und 126) in Notenschrift, wobei ″stärkste Hebung, ′Haupthebung, ˋNebenhebung, ˵stärkere Nebenhebung bezeichnen[1]).

1. Nū sculon heriȝean
   heofonrīces weard,

2. meotodes meahte,
   and his mōdȝeþanc,

3. weorc wuldorfæder,
   swā hē wundra ȝehwæs,

4. ēce drihten,
   ōr onstealde.

5. Hē ǣrest sceōp
   eorþan bearnum

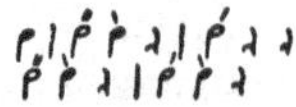

6. heofon tō hrōfe,
   hāliȝ scyppend;

7. þā middanȝeard,
   moncynnes weard,

8. ēce drihten,
   æfter tēode,

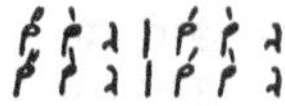

9. fīrum foldan,
   frēa ælmihtiȝ.

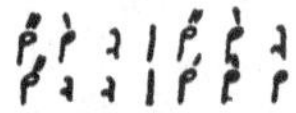

Anschließend geben wir den Anfang des „Beowulf" mit Hebungen (′) und Stäben (Kursiv) wieder:

[1]) Eine neue Verstheorie hat J. C. Pope, The Rhythm of Beowulf, Yale Univ. Press, New Haven 1942, 1966^{2}, entwickelt. — A. J. Bliss, The Metre of Beowulf, Oxford 1958. — A. J. Bliss, An Introduction to Old English Metre, Oxford 1962.

Hwæt, wē *G*ār*d*éna in ʒēar*d*áʒum[1]),
*þ*ḗodcýninʒa, *þ*rým ʒefrú(ʒ)non,
hū þā *ǣ*þelínʒas *é*llen frémedon.
Oft *Sc*ýld *Sc*ḗfinʒ *sc*éaþena þrḗatum,
*m*óneʒum *m*ǣʒþum, *m*éodosetla oftḗah,
*é*ʒsode *é*orl(as), syþþan *ǣ*rest wéarþ
*f*ḗasceaft *f*únden; hē þæs *f*rṓfre ʒebā́d,
*w*ḗox under *w*ólcnum, *w*éorþmyndum þā́h,
óþ þæt him *ǣ*ʒhwylc *ý*mbsíttendra
ofer *h*rónrā́de *h*ȳ́ran scólde,
ʒómban ʒýldan; þæt wæs ʒṓd cýninʒ!

Wahrlich, wir erfuhren von dem Ruhm der Speerdänen,
Der Volkskönige, in Tagen der Vorzeit,
Wie die Edelinge Heldentaten vollbrachten.
Oft entzog Scyld-Scefing den Scharen der Feinde,
Manchen Volksstämmen ihre Metsitze,
Erschreckte die Krieger, nachdem er zuerst
Hilflos gefunden worden war; er erlangte Trost dafür,
Er wuchs (wurde mächtig) auf Erden, gedieh an Wertschätzung,
Bis ihm jeder der Umwohnenden
Über die Walfischstraße (= das Meer) hin gehorchen mußte,
Tribut zahlen; das war ein guter König[2]).

7. Die altenglische Schrift.

19. Die Angeln, Sachsen und Jüten brachten die zum Einritzen bestimmte gemeingermanische Runenschrift mit sich vom Kontinent nach England[3]). Mit der Christianisierung führten die irischen Missionare die latei-

[1]) Gekreuzter Stabreim (wohl mehr zufällig, selten; vgl. noch Beowulf Vers 39; 209). – Vgl. auch P. F. Baum, The Meter of the *Beowulf*. In: "Modern Philology" 46 (1948/9), No. 2–3.

[2]) Lehnert, Beowulf S. 20.

[3]) H. Arntz, Handbuch der Runenkunde, Halle 1935. 2. Aufl. 1944. — R. Dérolez, Runica Manuscripta, Brügge 1954. — K. Spiessberger, Runenmagie: Handbuch der Runenkunde, Berlin 1955. — R. W. V. Elliott, Runes: An Introduction, Manchester 1959. — L. Musset, Introduction à la Runologie, Paris 1965.

nische Schrift in irischer Abart ein[1]), die dann zur Aufzeichnung der ae. Sprachdenkmäler verwendet wurde. Nur wenige Runeninschriften sind uns aus dieser Zeit überliefert[2]), besonders die Inschriften des Kreuzes von Ruthwell in Northumberland[3]) und Bewcastle in Cumberland[4]) sowie die des ae. Runenkästchens aus Walroßzahn mit Darstellungen zur Wielandsage im Britischen Museum[5]). In der zweiten Hälfte des 8. Jhs. hat der ae. Dichter Cynewulf in vier seiner Dichtungen seinen Namen in Runen durch eingestreute Akrosticha der Nachwelt überliefert. In den „Rätseln" des Exeter-Buches und dem verwandten „Runenlied" aus dem 10. Jh. werden den Strophen jeweils Runenzeichen für bestimmte Begriffe vorangestellt und dann kunstvoll erklärt[6]).

Die ae. 'insulare' Schrift hat eine längere Ahnenreihe: Aus der Kapitalschrift der römischen Denkmäler (A, E, H, M, D) entwickelten sich durch die Verwendung des Schilfrohrs zum Schreiben die gerundeten Unzialen (ａ, ϵ, h, m, ∂) und aus diesen die leichter und schneller schreibbaren Halbunzialen (b, d, a, m, n, ſ, f, r, g konnten für B, D, A, M, N, S, F, R, G eintreten). Die Iren, die statt des Schilfrohrs nunmehr die Gänsefeder verwendeten, bildeten die runde Halbunziale zu der für die britischen

[1]) Auch auf dem Kontinent wurde die Runenschrift nach der Einführung des Christentums vom lat. Alphabet bald verdrängt, worüber Otfried in der Einleitung zu seiner ahd. Evangelienharmonie (vollendet zwischen 863 und 872) klagt: *Res mira, tam magnos viros, sapientia latos, sanctitate praeclaros, cuncta haec in alienae linguae gloriam transferre et usum scripturae in propria lingua non habere.*

[2]) M. Olsen, Runic Inscriptions in Great Britain, Ireland and the Isle of Man, Bergen 1955. — H. Marquardt, Die Runeninschriften der Britischen Inseln, Göttingen 1961.

[3]) Auch bei Zupitza-Schipper, Alt- und mittelenglisches Übungsbuch, als Nr. 4 abgedruckt.

[4]) W. G. Collingwood, Northumbrian Crosses of the Pre-Norman Age, London 1927.

[5]) W. Viëtor, Das ags. Runenkästchen aus Auzon bei Clermont-Ferrand, Marburg 1900.

[6]) K. Schneider, Die germanischen Runennamen. Versuch einer Gesamtdeutung. Meisenheim 1956.

Inseln charakteristisch gewordenen spitzen Insularschrift um. In dieser sind die Buchstaben *f*, *g*, *r*, *s* vom lateinischen Alphabet besonders abweichend (ꝼ, ꝫ, ꞃ, ꞅ)[1]. Von den Iren übernahmen die Angelsachsen auch den Gebrauch mehrerer tironischer Noten wie ⁊ (so fast ausnahmslos im „Beowulf") für *and* (et), ꝉ für *oþþe* 'oder' (lat. *vel*). Die gelegentlich in ae. Handschriften vorkommende Bezeichnung von Vokalen durch Akzent (*á*) ist wohl Lese- und nicht Längezeichen, das zur Hervorhebung und Verdeutlichung dient[2]). Dieser Akut steht besonders auf einsilbigen Wörtern und einsilbigen Elementen von Zusammensetzungen, die allerdings häufig etymologisch langen Vokal haben (im „Beowulf" etwa 125 Beispiele). An Abkürzungen begegnen gewöhnlich in den ae. Handschriften: ¯ über Vokal = *m*, ¯ über Konsonant = *er*, ~ = *or* (*frō*, *æft̄*, *of̄*, *f̄* = *from*, *æfter*, *ofer*, *for*); *þoñ*, *hwoñ*, *ꝥ* = *þonne*, *hwonne* (§ 28,4), *þæt*. Im „Beowulf" sind die Abkürzungen für *m*, *þonne* und *þæt* besonders häufig. Aber das lateinische Alphabet reichte nicht zur Bezeichnung sämtlicher ae. Laute aus[3]), und man mußte in einigen Fällen nach Ersatz suchen. In den ältesten ae. Quellen drückte man germ. *w* durch *uu* aus (daher ne. *w* = *double u*), die dentale Spirans (ne. *th*) durch *th*. Im 9. Jh. traten die Runenzeichen ᚹ (ae. *wynn* 'Wonne') und ᚦ (ae. *þorn* 'Dorn'), doch nunmehr mit rundem Bogen ƿ, þ, an deren Stelle. Neben *þ* verwendete man zur Bezeichnung sowohl der sth. als auch der stl. Spirans das Zeichen *ð* (durchstrichenes *d*), das jedoch seit etwa 930 seltener wird. Wie *þ*, *ð* sind auch zahlreiche andere ae. Lautzeichen, etwa

[1]) Vgl. die Schriftproben in Hoops' Reallexikon, Bd. I (unter 'Ags. Schrift' von W. Keller). — W. Keller, Ags. Palaeographie („Palaestra" Bd. 43), Berlin 1906.

[2]) Sievers-Brunner § 8.

[3]) Dieselbe Schwierigkeit bot die Aufzeichnung der ahd. Sprache, woruber Otfried in seiner Zuschrift an Liutbert sehr klagt.

c, *ʒ*, *h*, *s*, *ſ* mehrdeutig (darüber in der Lautlehre). Die Buchstaben *j*, *qu*, *v*, *z*, gewöhnlich auch *k*, wurden von den ae. Abschreibern nicht gebraucht, dafür *ʒ*, *cw*, *ſ*, *s* oder *ts*, *c*. Für *cs* wird meist *x* geschrieben (§§ 42,2; 46,3 Anm.). Bei den Vokalen bot die Bezeichnung des aus germ. *a* entstandenen *æ*, eines dem ne. æ in *sat*, *glad* usw. entsprechenden überoffenen *e*-Lautes Schwierigkeiten, wie auch die des offenen *ǫ* < germ. *a* vor Nasalen (§ 28, 4). Das erste gab man durch verschlungenes (Ligatur) *a* + *e* (= *æ*) wieder zur Kennzeichnung, daß der Laut zwischen diesen beiden Lauten lag, für das letztere schrieb man bald *a*, bald *o*, da das lat. Alphabet für die drei Laute *a*, *ǫ*, *o* nur die beiden Zeichen *a* und *o* bot.

Unter dem Einfluß der karolingischen (kontinentalen) Schrift, mit der die Angelsachsen durch die von Cluny und Fleury ausgehende Klosterreform gegen Ende des 10. Jhs. bekannt geworden waren, bildete sich im Spät-ae. die 'reformierte insulare' Schrift heraus. In dieser wurde die breite und steile fränkische Minuskel auf die von den Iren übernommene dünne und schräge ae. Spitzenschrift übertragen. Die ae. Schreiber ersetzten überdies zunächst erst in lateinischen Abschriften die irischen Formen der Buchstaben *a*, *s*, *ſ*, *r*, *w*, *g* (s. oben) durch die karolingischen, die später auch in ae. Texten erscheinen.

II. Lautlehre.

Im folgenden geben wir eine kurze Übersicht der Lautentwicklung I. vom Indogermanischen zum Germanischen, II. vom Germanischen zum Westgermanischen und III. eine eingehendere vom Westgermanischen zum Altenglischen.

Entwicklung unter dem Starkdruck.

I. Die Lautentwicklung vom Indogermanischen zum Germanischen.

a) Vokale.

20. Das Idg. hatte folgende Vokale und Diphthonge:
Kurze Vokale: *a*, *e*, *i*, *o*, *u*, *ə*[1]).
Lange Vokale: *ā*, *ē*, *ī*, *ō*, *ū*.
Kurzdiphthonge: *ai*, *ei*, *oi*, *əi*; *au*, *eu*, *ou*, *əu*.
Langdiphthonge: *āi*, *ēi*, *ōi*; *āu*, *ēu*, *ōu*.
Silbische Liquiden und Nasale: *r̥*, *l̥*, *m̥*, *n̥*.

A. Entwicklung ohne Einfluß der Nachbarlaute.

21. 1. Die kurzen Vokale *a*, *e*, *i*, *u* bleiben unverändert; *o* und *ə* werden zu *a*.

Beispiele: Idg. **agro-s*, lat. *ager* = urg. **akraz*, got. *akrs*, aisl. *akr*, ahd. as. *accar*, ae. *æcer* (ne. *acre*, nhd. *Acker*); – idg. **edonom*, lat. *edere* = urg. **etanan*, aisl. *eta*, ahd. *ezzan*, as. ae. *etan* (ne. *eat*, nhd. *essen*); – idg. **piskos*, lat. *piscis* = urg. **fiskaz*, got. *fisks*, aisl. *fiskr*, ahd. as. afr. ae. *fisc* (ne. *fish*, nhd. *Fisch*); – idg. **sunus* (neben **sūnus*) = urg. **sunuz*, got. *sunus*, aisl. *sunr*, ahd. as. afr. ae. *sunu* (ne. *son*, nhd. *Sohn*); – idg. **qu̯od*, lat. *quod* = urg. **χuat*, aisl. *hvat*, ahd. *hwaz*, as. *hwat*, ae. *hwæt* (ne. *what*, nhd. *was*); – idg. **pətḗr* (lat. *pater*) = urg. **fadǣr*, got. as. *fadar*, aisl. *fadir*, ahd. *fater*, ae. *fæder* (ne. *father*, nhd. *Vater*).

2. Von den langen Vokalen bleiben *ī*, *ō*, *ū*; dagegen wird

ā > *ō*; *ē* > urg. *ǣ* < got. *ẹ̄* / nord- u. wg. *ā* < angl. *ẹ̄* / ws. *ǣ*.

Neben dem offenen urg. *ǣ*, das man als *ē*[1] bezeichnet, gibt es auch ein geschlossenes urg. *ē*, das als *ē*[2] bezeichnet wird. Dieses letztere, teilweise wohl aus dem idg. Lang-

[1]) Nach der hebräischen Grammatik *Schwa indogermanicum* genannt, etwa wie *e* in nhd. *Name* gesprochen.

diphthong *ēi* hervorgegangen, ist in den germ. Einzeldialekten nur in einigen wenigen Wörtern erhalten.

Beispiele: Idg. **su̯īno-* (Abstammungsadj. zu idg. **sū(w)-*, s. f.), lat. *suīnus* 'vom Schwein stammend' = urg. **swīna-* (subst. 'das von der Sau Abstammende' = 'das junge Schwein'), got. *swein* (*ei* = ī), aisl. *svīn*, ahd. as. afr. ae. *swīn* (ne. *swine*, nhd. *Schwein*); – idg. **dhōmos* 'Hinlegen, Satzung', gr. *thōmós* 'Haufe' = urg. **dōmaz*, got. *dōms* 'Urteil', aisl. *dōmr*, as. afr. ae. *dōm* (ne. *doom*); – idg. **sū(w)-* 'Schwein', lat. *sūs* = ahd. as. ae. *sū* (ne. *sow*, nhd. *Sau*); – idg. **mātér*, lat. *māter* = urg. **mōder*, aisl. *mōđir*, as. *mōdar*, afr. *mōder*, ahd. *muoter*, ae. *mōdor* (ne. *mother*, nhd. *Mutter*); — ($ē^1$:) lat. *ēdimus* = got. *ētum*, aisl. *ātum*, ahd. *āzum*, as. *ātun*, ae. (angl.) *ę̄ton*, (ws.) *ǣton* (ne. *ate*, nhd. *aßen*); – ($ē^2$:) in ahd. *hēr hier*, got. aisl. as. afr. ae. *hēr* (ne. *here*, nhd. *hier*); ahd. *kēn kien*, ae. *čēn* (nhd. *Kien*); ahd. *mēta miata*, as. *mēda*, afr. *mēde*, ae. *mēd* (ne. *meed*, nhd. *Miete*); Prät. der red. Verba 1. Kl.: aisl. as. ae. *hēt*, *lēt* usw. (nhd. *hieß*, *ließ*; ne. *let*).

3. Die Kurzdiphthonge entwickeln sich bis auf *ei* ihren Einzelbestandteilen entsprechend: *ai*, *au*, *eu* bleiben; *ei* > ī; *oi*, *əi* > *ai*; *ou*, *əu* > *au*.

Beispiele: Idg. **u̯ai*, lat. *vai vae* = got. *wai* (ae. *wā* > ne. *woe*; afr. as. ahd. *wē* = nhd. *wehe*); – lat. *auris* (idg. **aus-*) = got. *ausō* (ae. *ēare* > ne. *ear*; as. ahd. *ōra* = nhd. *Ohr*); – idg. **leubhos* = urg. **leuƀaz*, got. *liufs*[1]) (ae. *lēof* > ne. *lief*; ahd. *liob* > nhd. *lieb*); – gr. *steíχō* 'schreite' (idg. **steigh-* 'schreiten') = got. *steigan*, aisl. afr. *stīga*, ahd. as. ae. *stīgan* (nhd. *steigen*); – idg. **oinos*, alat. *oinos* (lat. *ūnus*) = urg. **ainaz*, got. *ains*, aisl. *einn*, ahd. *ein* (ae. *ān* > ne. *a(n)*, *one*; nhd. *ein(s)*); – idg. **ĝhəi-* 'verlassen' = urg. **gai-* in got. *gaidw* 'Mangel' (afr. ae. *gād*); – idg. **roudhos* = urg. **rauđaz*, got. *rauþs*, aisl. *rauđr* (ae. *rēad* > ne. *red*; ahd. *rōt* > nhd. *rot*); – idg. **stəuros* (in lat. *restaurare*) = urg. **stauraz*, aisl. *staurr* 'Pfahl'.

4. Die Langdiphthonge werden zuweilen bereits im Idg. monophthongiert oder fallen bald mit den Kurzdiphthongen zusammen.

---

[1]) Vgl. S. 44[1].

5. Die silbischen Liquiden und Nasale *r̥*, *l̥*, *m̥*, *n̥* erscheinen germ. als *ur*, *ul*, *um*, *un* (vgl. § 50).

Beispiele: Idg. **mr̥t(r)om*, lat. *mort-(em)*, *mors* – got. *maúrþr*, ae. *morþ*, *morþor* > ne. *murder* (Einfluß von afrz. *murdre*, das germ. Lehnwort ist), aisl. as. *morþ*, ahd. nhd. *mord* (*ur* > *or* nach § 22, 2); – idg. **pl̥nos*, lat. *plēnus* = urg. **fulnaz* > **fullaz*, got. *fulls*, aisl. *fullr*, as. afr. ae. (ne.) *full*, ahd. (nhd.) *foll*; – idg. **km̥tóm*, lat. *centum* (lat. germ. *n* < *m* vor Dental) = urg. **χun̥dan*, got. aisl. as. afr. ae. *hund* (vgl. § 74); – idg. **mn̥t(h)o-*, lat. *mentum* 'Kinn' = urg. **munþa-*, got. *munþs*, aisl. *mūðr*, ahd. nhd. *mund*, as. ae. *mūþ* nach § 28, 1 (ne. *mouth*).

Durch die zahlreichen Lautzusammenfälle wird so das idg. Lautsystem im Germ. (§ 24) stark vereinfacht: *a*, *o*, *ə* > *a*; *u* = *u* vor *r*, *l*, *m*, *n*; *ā*, *ō* > *ō*; *ī*, *ei* > *ī*; *ai*, *oi*, *əi* > *ai*; *au*, *ou*, *əu* > *au*.

B. Entwicklung unter Einfluß der Nachbarlaute.

22. 1. *e* > *i* vor Nasal + Konsonant oder vor *i*, *j* der Folgesilbe im Nord- und Westgermanischen[1]).

Idg. **u̯ĕntos* (Part. Präs. zu **wē-* 'wehen'), lat. *ventus* = got. *winds*, aisl. *vindr*, ahd. *wint*, as. afr. ae. *wind* (ne. *wind*, nhd. *Wind*); – idg. **medhi̯os*, lat. *medius* = urg. **midiaz*, got. *midjis*, aisl. *miðr*, ahd. *mitti*, as. *middi*, afr. *midde*, ae. *midd* (ne. *mid*, nhd. *mitten*). — Ahd. *dŭ hilfis*, *er hilfit*, ae. (ws.) *þū hilpst*, *hē hilpþ* (vgl. § 76a) zum Inf. ahd. *helfan*, ae. *helpan* (nhd. *helfen*, ne. *help*).

2. *i*, *u* > *e*, *o* vor *a*, *e*, *o* der Folgesilbe im Nord- und Westgermanischen[2]).

Idg. **u̯iros* (lat. *vir*) = urg. **u̯iraz* > **weraz*, got. *waír*, aisl. *verr*, ahd. as. afr. ae. *wer* 'Mann' (in nhd. *Wergeld*, *Werwolf*); – idg. **i̯ugom* (lat. *iugum*) = urg. **i̯ukan* > **jokan*, ahd. *joh*, ae. *ʒ(e)oc* (ne. *yoke*, nhd. *Joch*).

Die Senkung von *i*, *u* > *e*, *o* tritt nicht vor gedecktem Nasal ein (wie natürlich auch nicht vor altem *u* der Folgesilbe).

[1]) Im Gotischen wurde jedes *e* zu *i* gehoben.

[2]) Im Ostgerm. (Got.) wurden *i*, *u* > *e*, *o* (geschrieben *aí*, *aú*) nur vor *h*, *hw*, *r*.

Daher: ahd. *giholfan*, ae. *ʒeholpen* : ahd. *gibuntan*, ae. *ʒebunden*; — ahd. *wir hulfum*, ae. *wē hulpon* (got. *hulpum*).

Während sonst die Senkung von *u* zu *o* ziemlich regelmäßig eingetreten ist, zeigt die von *i* zu *e* mancherlei Störungen, z. B. in *fisk(r)* (§ 21, 1) und in den P. P. der st. Verben I. Klasse (§ 75).

Der Nasaleinfluß auf *e* und *o* wirkt im Ae. fort (§ 28, 3).

3. *a*, *i*, *u* + Nasal vor *χ* (= *ach*-Laut < idg. *k*) > *ā̃*, *ī̃*, *ū̃* unter Fortfall des Nasals und Nasalierung der durch Ersatzdehnung entstandenen Längen. Die Entnasalierung trat erst in den germ. Einzeldialekten ein.

Urg. **þaŋχtō-* > **þā̃χtō* > got. as. *þāhta*, ahd. *dāhta*, afr. *þōhte* > *thŏchte*, ae. *þōhte* (ne. *thought*, nhd. *dachte*); – urg. **þuŋχtō-* > **þū̃χtō* > got. as. *þūhta* 'er glaubte', ahd. *dūhta*, ae. *þūhte* (nhd. *dünkte*); – urg. **þiŋχanan* > **þī̃χan* > got. *þeihan*, as. ahd. *thīhan*, ae. *þēon* < **þīhan* (§ 32, 2) (nhd. *gedeihen*).

Daß die Entnasalierung unter Ersatzdehnung erst in den germ. Einzeldialekten eingetreten ist, beweist die Entwicklung im Anglofriesischen, wo altes *a* zu *ō* wurde.

Urg. **braŋχtō* > **brā̃χtō* > got. as. ahd. *brāhta*, afr. *brōhte* > *brŏchte*, ae. *brōhte* (ne. *brought*).

Diese Entwicklung wird im Ae. fortgeführt (§ 28, 1).

4. *eu* > *iu* vor *i*, *j* oder *u* der Folgesilbe.

Idg. **leudhi-* zu idg. **leudheros* (gr. ἐλεύθερος, lat. *līber* 'frei') = urg. **liudi*, aisl. *lȳðir*, ahd. *liuti* (nhd. *Leute*), as *liudi*, ae. *līode*, *lēode*; – idg. **leuk(o)t*, **leuk(o)s* (gr. λευκός 'weiß, hell', lat. *lūx*, *lūcēre*) = urg. **leuχ-*, got. *liuh-aþ* (vgl. S. 44[1]) 'Licht', ahd. as. *lioht*, ae. *lī(o)ht lę̄(o)ht* (ne. *light*, nhd. *Licht*); aber: got. *liuhtjan* (S. 55) = ahd. *liuhten*, as. *liuhtian*, ae. *lī(o)htan līehtan* (§ 31, 8) (ne. *light*, nhd. *leuchten*); – daher auch: ahd. 1., 2. Sg. *biutu*, *biutis*: Inf. *biotan*, ae. *bę̄odan* (nhd. *ge-bieten*).

Germ. *eu* = nhd. *ī*; germ. *iu* = nhd. *eu* (s. § 26, 4).

b) Konsonanten[1].

23. Das Germ. trennte sich von den übrigen idg. Sprachen besonders durch die von J. Grimm (1821) entdeckte erste (oder germ.) Lautverschiebung, die, schon in früher vorchristlicher Zeit vollendet, sich in drei aufeinanderfolgenden Stufen vollzog:

1. Die stl. Verschlußlaute *p, t, k* werden zu den entsprechenden stl. Reibelauten *f, þ, χ*.

Lat. *piscis, nepōs* = aisl. *fiskr, nefi*, ahd. *fisk, nefo*, as. *fisc, nevo*, ae. *fisc, nefa* (ne. *fish, nephew* < afrz. *neveu*; nhd. *Fisch, Neffe*); – lat. *trēs, frāter* = got. mf. *þreis, brōþar*; as. *thria, brōđar*; ae. m. *þrī(e), brōþor* (ne. *three* < ae. fn. *þrēo*; *brother*); – lat. *cārus, pecus* = got. *hōrs* 'Hurer', *faihu*; aisl. *hōra, fē*; ahd. *huora, feho fihu*; ae. *hōre, feoh* (ne. *whore, fee*).

1. Ausnahme: Nach dem stl. Spiranten *s* werden *p, t, k* nicht verschoben.

Lat. *spuere, hostis, piscis* = got. *speiwan*, as. ahd. *spīwan*, ae. *spīwan spēowan* (ne. *spew spue*, nhd. *speien*); got. *gasts*, aisl. *gestr*, as. ahd. *gast*, ae. *ʒ(i)est* (ne. *guest*, nhd. *Gast*); got. *fisks*, ae. *fisc* (ne. *fish*).

Ferner bleibt *t* auch nach *p, k, q* unverändert.

Lat. *octō, neptis* = got. *ahtau*, ahd. as. *ahto*, afr. *achta*, ae. *e(a)hta*; ahd. afr. ae. *nift* (ne. *eight, niece* < afrz. *niece*).

2. Ausnahme: Die aus idg. *p, t, k* entstandenen urg. stl. Reibelaute *f, þ, χ* wie auch *s* werden im In- und Auslaut zu den entsprechenden sth. *ƀ, đ, g* und *z*, wenn nach der idg. Druckverteilung der unmittelbar vorangehende Sonant nicht den Starkdruck trug (sog. Vernersches Gesetz, von dem dänischen Sprachforscher Karl Verner gefunden, Kuhns Zeitschrift XXIII, 97 ff., 1877). Die Druckverteilung war im Idg. frei, wurde aber im Verlaufe des Urg. fest, d. h. es trug nunmehr stets die Wurzelsilbe, die meistens die Anfangssilbe ist, den Starkdruck (§ 47).

---

[1]) Über das idg. Konsonantensystem vgl. Krahe, Idg. Sprachwissenschaft, S. 53 ff.

Beispiele: Skr. *bhrātar-* (lat. *frāter*) = ae. *brōþor* (§ 40); aber: skr. *mātár-* (lat. *māter*) = ae. *mōdor*[1]) (§ 25, 2).

Ein ähnliches Gesetz wirkt noch in moderner Sprache. *Hannóver* (*f*): *Hannoveráner* (*v*); mundartlich (thür.) *Interésse* (*s*): *interessíeren* (*z*) usw. – ne. *póssible* (*s*): *posséss* (*z*); *éxercise* (*ks*): *exámine* (*gz*).

Verners Gesetz tritt im Germ. häufig in verwandten grammatischen Formen auf, so daß man hier auch vom 'grammatischen Wechsel' spricht. Das ist besonders beim st. Verbum der Fall, dessen Inf., Präs., Part. Präs. und Prät. Sg. im Idg. Stammbetonung hatten gegenüber der Endbetonung seines Prät. Opt., P. P. und Prät. Pl. Es wechseln so im Ae.:

Inf. – Prät. Sg. – Prät. Pl. – P.P.

þ–d (§ 25,2) (urg. *þ–đ*): *cweþan–cwæþ–cwǣdon–ȝecweden* 'sagen' (in ne. Prät. *quoth*);

s–r (§ 25,1) (urg. *s–z*): *ċēosan–ċēas–curon–ȝecoren* (ne. *choose*);

h–ȝ (urg. *χ–g*): *tēon–tēah–tuȝon–ȝetoȝen* (< **tēohan* 'ziehen');

f–f (= *ƀ*) (urg. *f–ƀ*): *hebban–hōf–hōfon–ȝehafen* (ne. *heave*, nhd. *heben*).

Das letzte Lautpaar ist ae. in der Schreibung zusammengefallen (§ 40). Das Gotische hat den 'grammatischen Wechsel' aufgehoben, indem es die stl. Laute für die ganze Flexion verallgemeinerte.

2. Die aspirierten sth. Verschlußlaute *bh*, *dh*, *gh* gehen in die entsprechenden sth. Reibelaute *ƀ*, *đ*, *g* über. — Im Verlaufe der urg. Zeit werden anlaut. *ƀ-*, *đ-* > *b*, *d* und inlaut. *ƀ*, *đ*, *g* > *b*, *d*, *g* nach Nasalen.

Beispiele: Skr. *bhrātar-* (lat. *frāter*) = got. *brōþar*, ae. *brōþor* (ne. *brother*); – idg. **bhendh-* (skr. *bándhati* 'bindet') = got. as. ae. *bindan* (ne. *bind*); – idg. **steigh-*, skr. *stighnṓti* 'steigt' (lat. *ve-stīgium*) = got. *steigan*, ahd. as. ae. *stīgan* (nhd. *steigen*).

---

1) Heutiges *đ* in *mother*, *father* (s. § 21, 1, 2) entwickelte sich erst im 15. Jh.

3. Die sth. Verschlußlaute *b*, *d*, *g* werden zu den entsprechenden stl. *p*, *t*, *k*.

Beispiele: Lat. *labrum*; *labium* = as. *lepor*, ahd. *leffur*; afr ae. *lippa* (ne. *lip*); – lat. *vidēre* = got. as. ae. *witan* (nhd. *wissen*; in ne. *to wit*); – lat. *ego* = got. as. afr. *ik*, ae. *ič* (ne. *I*, nhd. *ich*).

II. Die Lautentwicklung vom Germanischen zum Westgermanischen.

a) Vokale.

24. Das Germanische weist kurz vor seiner Aufspaltung in die germ. Einzelsprachen nach dem oben (§§ 20–23) Ausgeführten folgende Vokale und Diphthonge auf:

Kurze Vokale: *a*, *e*, *i*, *o*, *u*.
Lange Vokale: *ǣ*, *ē*, *ī*, *ō*, *ū*.
Lange Nasalvokale: *ą̄*, *į̄*, *ų̄*.
Diphthonge: *ai*, *au*, *eu*, *iu*.

Das zwischen dem Germ. und Ae. liegende westgermanische Vokalsystem stimmt im wesentlichen mit dem germ. überein bis auf *ǣ* > *ā* (§ 21,2). Die Nasalierung der langen Nasalvokale ging erst einzelsprachlich verloren (§ 22, 3), wie die Entwicklung von *ą̄* > *ō* im Ae. beweist.

b) Konsonanten.

25. Der Konsonantismus der germ. Muttersprache setzt sich folgendermaßen zusammen:

	Labiale	Dentale	Palatale u. Velare
Stl. Verschlußlaute	*p*	*t*	*k*
Sth. Verschlußlaute	*b*	*d*	*g*
Stl. Reibelaute . . .	*f*	*þ*, *s*	*h* (= χ)
Sth. Reibelaute . .	*ƀ*	*đ*, *z*	*ǥ*
Nasale	*m*	*n*	*ŋ*
Liquide		*r*, *l*	
Halbvokale . .	*w* (*u̯*)		*j* (*i̯*)

Der Hauchlaut *h* (anlautend vor Vokal).

Bis auf folgende Ausnahmen bleiben die germ. Konsonanten im Westgerm. unverändert:

1. *z* (< idg. *s* nach Verners Gesetz) > *r*. (Im Got. ist inlaut. *z* bewahrt, auslaut. wird es zu *s*, im Ur-nord. zu *R* [palatales *r*], das aisl. jedoch mit dentalem *r* zusammenfällt.)

Urg. **maizō*, got. *maiza* = ahd. as. *mēro*, afr. ae. *māra* (ne. *more*, nhd. *mehr*); – idg. **dheu̯só-*, urg. **deuza-*, got. *dius* (G. *diuzis*) = ahd. *tior*, as. *dior*, afr. *diar*, ae. *dēor* (ne. *deer*, nhd. *Tier*).

2. *đ* > *d*.

Urg. **fađǽr-* (skr. *pitár-*, gr. *patér-*) = ahd. *fater* (*d* > *t*), as. *fadar*, afr. *feder*, ae. *fæder* (ne. *father*, nhd. *Vater*).

3. Konsonantenverdoppelung.

a) Nach kurzer Stammsilbe bewirkt *j* Verdopplung (Gemination) des vorausgehenden Konsonanten außer *r* (sog. 'westgerm. Konsonantengemination'). Überdies lautet es nach Maßgabe von § 31 auch vorausgehenden Vokal um. Im Ahd. und Ae. ist *j* nach Doppelkonsonanten (also nicht nach *r*) wie auch nach einer Silbe mit langem Vokal geschwunden, im As. noch meistens bewahrt.

Got. *satjan*, *halja* = ahd. *sezzan*, as. *settian*, afr. *setta*, ae. *settan* (ne. *set*, nhd. *setzen*); ahd. *hella*, as. *hellia*, afr. *helle*, ae. *hell* (ne. *hell*, nhd. *Hölle*); – aber: got. *nasjan* (für **nazjan*) = ahd. *nerien*, afr. *nera*, as. ae. *nerian* 'retten' (nhd. *nähren*); got. *dōmjan* = ahd. *tuomen*, as. *dōmian*, ae. *dēman* (ne. *deem*).

b) *p*, *t*, *k* und *h* (= χ) wurden auch vor *r* oder *l* geminiert, besonders wenn die Konsonanten unmittelbar aufeinanderfolgten (wie in den flekt. Formen, von wo aus Verallgemeinerung).

Got. *baitrs* (mit Ablaut), **aplus* (krimgot. *apel*) = ahd. as. *bittar*, ae. *biter bitter* nach G. *bittres* usw. (ne. *bitter*); as. afr. *appel*, ae. *æpl æppel* (ne. *apple*)[1]).

Diese Entwicklung wird im Ae. fortgeführt (§ 41).

[1]) Altslav. *abluko*, russ. *jábloko*, lit. *óbulas* mit unverschobenem *b* für germ. *p* (§ 23, 3).

III. Die Lautentwicklung vom Germanischen (Westgermanischen) zum Altenglischen.

a) Vokale.

A. Entwicklung ohne Einfluß der Nachbarlaute.

26. 1. Die kurzen Vokale *e, i, o, u* bleiben unverändert; *a* wird zu *æ* in einsilbigen Wörtern. In mehrsilbigen Wörtern steht *a* bei ursprünglich velarem Vokal (*a, o, u*) der Folgesilbe, *æ* vor ursprünglichem (also nicht aus *a, o, u* entstandenen) *e* der Folgesilbe. Bei Ausnahmen wie G. Sg. *ʒlades* zu N. *ʒlæd* (ne. *glad*) handelt es sich um Analogiebildungen.

Ahd. as. afr. ae. *feld, bringan, gold, burg* (ne. *field, bring, gold, borough*). – Aber: N. A. Sg. ahd. *tag*, as. *dag*, G. *tages, dages*, D. *tage, dage* = ae. *dæʒ, dæʒes, dæʒe* (ne. *day*); N. A. Pl. ahd. *taga*, as. *dagos*, G. *tago, dago*, D. *tagum, dagum* = ae. *daʒas, daʒa, daʒum*; ahd. *mahhōn*, as. *makōn* = ae. *macian* (ne. *make*).

Auch vor dem *e* der Folgesilbe, das sich sekundär aus silbischem *r, l, m, n* entwickelt hat (§ 50), wird *a* > *æ* gehoben.

Got. *fagrs, akrs, *nagls* (Vb. *nagljan*), aisl. *hrafn* = ae. *fæʒer, æcer, næʒ(e)l, hræfn* (ne. *fair, acre, nail, raven*).

Anmerkung. Im Merc. Kent. findet weitere Hebung des *æ* > *e* statt (*deʒ, deʒes*).

2. Die wg. langen Vokale *ē, ī, ō, ū* sind ae. bewahrt; wg. *ā* (< urg. *ǣ*) erscheint im Ae. als ws. *ǣ*, angl. kent. *ę̄* (§ 21,2).

As. ae. *hēr, swīn, fōt, rūm* (ne. *here, swine, foot, room*); ahd. *tāt, sāt, rātan, lāzzan* = ws. *dǣd, sǣd, rǣdan, lǣtan*–angl. kent. *dę̄d, sę̄d, rę̄dan, lę̄tan* (ne. *deed, seed, read, let*).

Im Auslaut wird wg. *ō* im Ae. zu *ū* gehoben.

Ae. *cū, hū* (as. *kō*; *hwō hū*), n. *tū* < **twū, *hwū* < wg. **twō, *χwō* (ne. *cow, two, how*). In der Präposition *tō* (ne. *to*) unterblieb die Hebung, da diese häufig proklitisch vor konsonantisch anlautenden Wörtern stand.

3. Die Nasalvokale *ą̄, į̄, ų̄* treten ae. entnasaliert als *ō, ī, ū* auf (§ 22,3).

4. Die wg. Diphthonge *ai, au, eu, iu* > ae, *ā, ēa, ēo, īo* (nach 800 merc. ws. zu *ēo*).

Got. *stains, hails*, ahd. *eiskōn* (nhd. *h-eischen*) = ae. *stān, hāl, āscian* (ne. *stone, whole, ask*); – got. *augō, hauhs, hlaupan* = ae. *ēaȝe* (*au* > *ǣu* > *ǣo* > *ǣa*, geschrieben *ea*), *hēah, hlēapan* (ne. *eye, high, leap*); – urg. **leuƀaz*, got. *liufs* = ae. *lēof* (ne. *lief*, nhd. *lieb*); — ahd. *liuti*, as. *liudi* = ae. *līode lēode* (nhd. *Leute*).

B. Entwicklung unter Einfluß der Nachbarlaute.

27. Während im Ahd. in erster Linie der wg. Konsonantismus verändert wurde (durch die hochdeutsche Lautverschiebung), ist im Ae. besonders der wg. Vokalismus umgestaltet worden. Welchen starken Einfluß der kombinatorische Lautwandel im Ae. ausgeübt hat, zeigt schon die Entwicklung des wg. kurzen *a*, das ae. als *æ, a, ǫ, ea, ō, e* erscheinen kann.

Ahd. *tag*, Pl. *taga, namo, hart, gans*, got. *badi* (ahd. *betti*) = ae. *dæȝ, daȝas, noma* (*nama*), *heard, ȝōs, bedd* (ne. *day, days, name, hard, goose, bed*).

Wir behandeln im folgenden die einzelnen lautverändernden Erscheinungen des Ae.

28. Nasaleinfluß.

1. Schon im Germ. schwand in der Lautverbindung *-anχ, -inχ* und *-unχ* das *n* vor *h* (= *χ*) unter Nasalierung und Ersatzdehnung des vorausgehenden Vokals (§ 22,3). Im Ae. wie in den anderen nd. Sprachen geschieht dasselbe mit den Nasalen *n, m* auch vor den übrigen stl. Reibelauten (*f, þ, s*). Bei der Entnasalierung wurde auch hier afr. ae. *ą̄* > *ō* gehoben.

Also germ. *-a(i, u)ns, -a(i, u)nf, -a(i, u)nþ* > ae. *ō(ī, ū)s, ō(ī, ū)f, ō(ī, ū)þ*: Ahd. *gans* = afr. ae. *ȝōs* (ne. *goose*); got. *fimf* = as. ae. *fīf* (ne. *five*); got. *munþs* = as. afr. ae. *mūþ* (ne. *mouth*).

Unter dem Schwachdruck entwickelt sich die Verbindung *-anþ* jedoch zu *-aþ*: Idg. **bheronti* > urg. **beranþi* > ae. *beraþ* (wir, ihr) sie tragen (s. auch § 51,3c).

2. Langes *ō* entsteht im Anglofriesischen auch aus wg. *ā* vor Nasalen.

Ahd. *spān, nāmun* = ae. *spōn* 'Span' (> ne. *spoon*), *nōmon* 'nahmen'; – ahd. as. *māno*, aisl. *māni* (got. *mēna*) = afr. ae. *mōna* (ne. *moon*).

3. Vor Nasalen (auch einfachem Nasal) wird wg. *o* > afr. ae. *u*, soweit *u* nicht schon im Germ. bewahrt worden war (§ 22,2 Ausn.), vor germ. *m* auch wg. *e* > ae. *i*.

Lat. *monachus, tonitrus* = ae. *munuc*, ae. *þunor*, ahd. *donar* (ne. *monk, thunder*); ahd. *neman, ginoman, coman, hona(n)g* = ae. *niman, ʒenumen, cuman, huniʒ* (ne. *take* nach § 15, *numb* Adj. 'benommen', *come, honey*).

4. Wg. *a* > *ǫ* vor Nasalen im Anglofriesischen (Zwischenlaut von *a* und *o*, s. § 19 gegen Ende).

Ahd. *man, kan, namo* = ae. *mann monn* (ne. *man*), *cann conn* (ne. *can*), *nama noma* (ne. *name*).

In druckschwachen Wörtern ist *o* ziemlich festgeworden.

Ae. *on, hwone, hwonne, þone, þonne* (ne. *on, whom, when, the* (A.), *then*).

Während in den ws. und kent. Texten des 9. Jhs. wie im Anglischen für germ. *a* vor Nasalen meist *o* erscheint, wird *a* im Ws. und Kent. des 10. Jhs. immer häufiger und herrscht im Spätws. (Abt Ælfric, s. § 17) fast ausschließlich. – Dial. Schwanken von *a* vor Nasalen herrscht auch im Afr. zwischen ostfries. *o* und westfries. *a*.

29. Brechung.

1. Zwischen den k u r z e n palatalen Vokalen *æ, e, i* (< wg. *a, e, i*) und folgendem gedeckten *χ* (geschrieben *h*), *r, l* oder einfachem *h* (= *χ*) schob sich ur-ae. ein Übergangslaut *u* ein, so daß die Kurzdiphthonge *æu, eu, iu* entstanden, die sich wie die wg. Diphthonge *au, eu, iu* (§ 26,4) und wohl gleichzeitig mit ihnen zu *ę̆a*

(= *æa*), *ĕo*, *io* (nach 800 merc. ws. zu *ĕo*) entwickelten. Doch sind die aus dem Wg. entwickelten Diphthonge ae. lang (*ēa*, *ēo*, *īo*), die ae. Brechungsdiphthonge dagegen kurz (*ĕa*, *ĕo*, *ĭo*). Wg. *a*, *e*, *i* wurden in den verschiedenen ae. Dialekten aber nicht gleichmäßig zu *ea*, *eo*, *io* „gebrochen" (der Ausdruck stammt von J. Grimm):

a) Brechung vor *h* + Konsonant (oder einfachem *h*).

Sie ist in allen ae. Dialekten bei allen drei Vokalen eingetreten.

Ahd. *ahto*, *sah*, *fehtan* = ws. kent. *eahta*, *seah*, *feohtan*, angl. *æhta*, *sæh*, *fehtan* nach § 35, 1 (ne. *eight*, *he saw*, *fight*).

b) Brechung vor *r* + Konsonant.

Ebenfalls in allen ae. Dialekten (ndh. jedoch oft *a*) bei allen drei Vokalen.

Got. *hardus*, ahd. *sierro stern(o)*, as. *hirdi* = ae. *heard*, *steorra*, ndh. kent. *hiorde* (§ 31, 8), merc. *heorde* (ws. *hierde hyrde*); (ne. *hard*, *star*, *shepherd*).

c) Brechung vor *l* + Konsonant.

Wg. *a* wird über *æ* nur im Ws. und Kent. gebrochen, im Angl. jedoch bewahrt. Bei *e* und *i* tritt Brechung nur vor *lh* (= *lχ*) ein, und zwar in allen Dialekten (doch s. Anm.).

As. ahd. *fallan*, as. afr. *kald* = ws. kent. *feallan*, *ċeald*; angl. *fallan*, *cald* (ne. *fall*, *cold*); — ahd. *sel(a)h* = ws. kent. *seolh*, angl. *selh* nach § 35, 1 (ne. *seal*); aber: ae. *helpan*, *meltan*, *swellan* (ne. *help*, *melt*, *swell*). – In außerws. *seolf* (ws. *self silf sylf*) ist *e* auch vor *lf* gebrochen worden.

Anmerkung: Im Anglischen sind die Brechungsdiphthonge vor *h* bzw. *r*, *l* + Velar bereits in vorliterarischer Zeit monophthongiert ('geebnet') worden (§ 35).

2. Die langen ae. Palatalvokale *ī*, *ē* und ws. *ǣ* (< wg. *ā*) werden nur vor *h* (= *χ*) zu *īo*, *ēo* und *ēa* gebrochen, im Angl. tritt jedoch wieder Ebnung ein.

Ahd. as. *līht(i)* 'leicht' = ae. (ws.) *līoht lēoht*, (angl.) *līht lēht* (ne. Adj. *light*); ahd. *wīh* 'heilig' (nhd. *Weihnachten*), as. *wīh* 'Tempel' = ae. (ws.) *wīoh wēoh* 'Götzenbild', (angl.) *wīh*; ahd.

as. *nāh* 'nah' = ae. (ws.) ***nǣh**, (angl.) *nēh* > ws. *nēah*, angl. *nēh* (ne. *nigh*).

Die Brechung ist älter als die in den §§ 30, 31. 35 und 32 behandelten ae. Lautveränderungen.

30. Einfluß anlautender palataler Konsonanten auf folgende palatale Vokale.

1. Zwischen den anlautenden palatalen Konsonanten *ć*, *ʒ́*, *sć* (§ 44) sowie germ. *j* (> ae. *j*, das *ʒ* oder *i* geschrieben wird) und folgenden primären palatalen Vokalen (*ĕ*, *ǣ*) schiebt sich schon ur-ae. ein Gleitelaut ein, der mit diesen ursprünglich einen steigenden Diphthong bildete, aus dem sich schon früh ein fallender entwickelte (*ĭe*, *ĕa*). Die so entstandenen Diphthonge fallen mit den übrigen ae. Diphthongen zusammen. – Diese Diphthongierung gilt im Westsächsischen allgemein, im Nordhumbrischen nur in beschränktem Umfange, sie unterbleibt im Mercischen und Kentischen.

Mnd. *kaf* = ae. **ćæf* > **ceǽf* > ws. *ćeaf*, merc. *ćæf*, kent. *ćef* (ne. *chaff*); – ahd. *geban*, as. *geban* = ae. **ʒefan* > **ʒiéfan* > ws. *ʒiefan*, angl. kent. *ʒefan* (ne. *give*); – ahd. *scāf*, as. *scāp* = ae. **sćǣp*, **sćēp* (§ 26, 2) > **sceǣp*, **sciēp* > ws. *scēap*, ndh. *scīp* (über *scīep*), merc. kent. *scēp* (ne. *sheep*); – ahd. as. *jār* = ws. *ʒēar*, angl. kent. *ʒēr* (ne. *year*).

2. Nach germ. *j* (ae. *ʒ* oder *i* geschrieben) und spät-ae. auch nach *sc* stellte sich oft auch vor velaren und sekundären palatalen Vokalen ein Übergangslaut (*i*, *e*) ein, der mit diesen einen steigenden Diphthong bildete (*u*, *ŏ*, *ă* > *i̯u*, *e̯ŏ*, *e̯ă*). Die Weiterentwicklung dieser scheinbaren Diphthonge wie die einfachen Vokale beweist, daß sie steigend waren; vielleicht sind *i* und *e* auch nur graphische Zeichen, welche die palatale Aussprache des vorangehenden Konsonanten andeuten sollen. – Diese 'Diphthongierung' gilt hauptsächlich für das Ws., findet sich aber auch im Ndh. und teilweise im Kentischen.

Ahd. _jung, joh, jāmar, skolta, scama, scala, scenten_ (< wg. _*skandian_) = ws. _i̯únȝ ȝi̯únȝ ȝi̯ónȝ ȝeónȝ_, kent. _i̯únȝ ȝi̯ónȝ_, merc. _ȝunȝ_, ndh. _ȝinȝ_; ae. _ȝi̯óc ȝęóc_; ae. _ȝi̯ṓmor ȝęṓmor_; ws. nördl. Ndh. _scęólde_; altws. _scęómu scęámu_, spätws. _scęámu_, ndh. _scęómu_; ws. ndh. _scęálu_; ws. _sci̯éndan_ > _sciendan_ (wie 1.) _scindan scyndan_ neben _scendan_ (ne. _young, yoke_, nhd. _jammer_-voll, ne. _should, shame, shale_, nhd. _Schale_, nhd. _schänden_).

3. Nach palatalem _s_ wurde schließlich (noch nach dem Velarumlaut) die Lautgruppe _sel-_ > _*siel-_ > angl. kent. _sil-_, ws. _sil-, syl-_.

Ae. _sellan_ = angl. kent. _sillan_, ws. _sillan syllan_ (ne. _sell_); ebenso in _sĕlra sĕlla_ (§ 72c), _self seolf_ (§ 29, 1c) usw., letzteres mit st. und sw. Flexion.

31. Palatalumlaut (_i_-Umlaut).

Schon vor der Zeit unserer ältesten ae. Quellen werden um 600 die ae. Vokale und Diphthonge (_ă̄, ŏ̄, ŭ̄, æ, ĕ̄a, ĭ̄o_) durch _ĭ̄_ oder _j_ der Folgesilbe „umgelautet", d. i. palatalisiert (ausgenommen die reinen Palatalvokale _ĭ̄, ĕ̄, ǣ̆_). Die palatalen Vokale nähern sich dabei der hohen Zungenlage des _i_, bei den velaren findet Artikulationsvermischung statt (Lippenrundung des _u_ bzw. _o_ + Zungenstellung des _i_ bzw. _e_ ergeben _ü_, geschrieben _y_, bzw. _ö_, geschrieben _oe_).

Da _j_ im Ae. meist geschwunden (§ 25, 3) und nachtoniges _i_, soweit ae. bewahrt, bereits im 7. Jh. zu _e_ gesenkt worden ist, müssen wir zur Erklärung der ae. umgelauteten Formen andere germ. Sprachen, besonders das Gotische, heranziehen. Auch beim _i_-Umlaut zeigen die einzelnen ae. Dialekte mancherlei Abweichungen.

Es werden umgelautet:

1. _a, ą_ (§ 28,4) > _e_ (über _æ_).

Got. _sandjan_ = ae. _sendan_ (ne. _send_).

a) In den ältesten Texten und bei späterer Metathese (§ 42) ist _æ_ bewahrt (got. _brannjan_ = ae. _bærnan_ 'brennen').

b) In nichtkentischen südöstlichen Texten steht *æ* als Umlaut von *a* vor Nasalen.

Ae. *sændan, fræmman* usw. für *sendan, fremman*; Beowulf: *hlæmm, hlemm* 'Lärm', *mænizo, menizo* 'Menge'.

c) Das angl. (wg.) ungebrochene *a* vor *l* + Konsonant (§ 29, 1 c) wird dagegen nur bis zu *æ* umgelautet (s. unter 6).

Kausativum von *fallan* = **falljan* > angl. *fællan* (ne. *to fell*); Komp. zu *ald* (ne. *old*) = angl. *ældra*.

2. *ā* > *ǣ*.

Got. *haiþi* = ae. *hǣþ* (ne. *heath*).

Im Kent. geht der Umlaut bis zu *ē*: *clǣne, ǣniz* > *clēne, ēniz* (ne. *clean, any*). Im Angl. oft auch vor Dentalen.

3. *o* > *e* (über *œ*).

**Dohtri* > D. Sg. ae. *dehter* (angl. *dœhter*).

Da ein *i* oder *j* der Folgesilbe wg. kein *o* aufkommen ließ (§ 22, 2, Ausn.), idg. *o* anderseits zu germ. *a* geworden war (§ 21, 1), tritt ae. *i*-Umlaut von *o* > *e* nur in späteren Lehnwörtern (**oli*, lat. *oleum*, > ae. *ele*) oder in Analogiebildungen ein (D. **dohtri* für urg. **duχtri* nach N. *dohtor* usw.).

4. *ō* > *ẹ̄* (über *œ̄*).

Got. *sōkjan* = ae. *sēčan* (ne. *seek*).

Im Angl. bleibt das gewöhnlich *oe* geschriebene *œ̄* erhalten.

5. *ŭ̄* > *y̆̄* (= *ü̆̄*)[1].

Ahd. *kuning* = ae. *cyninz* (ne. *king*); ae. Sg. *mūs*: Pl. *mȳs* < urg. **mūsiz* (ne. *mice*).

Im Kent. ist im 9. Jh. Entrundung und Senkung des *y̆̄* > *ĕ̄* eingetreten: *fyllan, hȳdan* > *fellan, hēdan* (ne. *fill, hide*).

6. *æ* (§ 26,1) > *e*.

Got. *satjan* = **sættjan* > ae. *settan* (ne. *set*).

In den folgenden Fällen steht jedoch *æ* für *e*:

[1]) Sievers bezeichnet dieses *y* als das feste (§ 31).

a) Vor Konsonantengruppen: *hæftan* 'heften' (< germ. (*haftian*, ahd. *heften* Faktitiv zu ahd. *haft* 'gefesselt' = lat. *captus*); *mæstan* 'mästen' (< germ. **mastian*, ahd. *mesten*, zu ae. *mæst*, ahd. *mast* 'Mast'); *æsc* 'Esche' (< urg. **askiz*). In einigen Wörtern findet sich daneben auch *e*: (Beow.) *æfnan*, *efnan* 'ausführen', *ræst*, *rest* 'Rast, Ruhelager', in *restan* 'rasten, ruhen' fast stets *e*.

b) Ein aus anderen Flexionsformen oder verwandten Wörtern stammendes *a* für *æ* wurde ebenfalls nur bis zu *æ* umgelautet: *ič hæbbe* für **hebbe* (< wg. **habbjō*) nach den übrigen Präs.-Formen; (Beow.) *sečč* (got. *sakjō*) neben *sæčč* 'Fehde' nach *sacu* 'Streit(sache)', ne. *sake*; *wrečča* neben *wræčča* 'Recke, Verbannter', ne. *wretch*, nach *wracu* 'Rache, Verfolgung'; *mečȝ* neben *mæčȝ* 'Mann' nach *maȝu* 'Mann, Sohn'.

c) In lat. Lehnwörtern, die erst nach dem Übergang von wg. *a* > ae. *æ* (§ 26, 1) aufgenommen wurden: *læden* (vgl. ahd. *latīnisc*, das erst nach der Verschiebung von wg. *t* > ahd. *zz* wie in as. ae. *etan* = ahd. *ezzan* entlehnt wurde); *mæȝester* < lat. *latinum*, *magister* (ne. *latin*, *master*).

d) Bei Fernumlaut über ein *u* der Mittelsilbe hinweg: germ. **aþuling* > **aþyling* > **aþiling* > ae. *æþelinȝ* 'Edler'; germ. **gadurī* > ae. *tō-*, *ætȝædere* (ne. *together*). – Bei Wörtern mit germ. *a* in der Mittelsilbe liegt kein *i*-Umlaut, sondern Entwicklung nach § 26, 1 vor, da dieses *a* über *æ* zu *e* geworden war: ahd. *magad*, Verkl. *magatīn*, *alamahtic* = ae. *mæȝ(e)þ*, *mæȝden*, *ælmihtiȝ* (ne. *maid(en)*, *almighty*).

7. *ę̆a* > ws. *ĭe* (später ws. *ĭ*, *y̆*)[1]).

Got. *hlahjan* = ae. **hl̨eahhjan* > ws. *hli(e)hhan*, angl. *hlæhhan* (ne. *laugh*); ae. **mahti-*, **nahti-* > ws. *mi(e)ht*, *ni(e)ht* (ne. *might*, *night*), angl. *mæht*, *næht*; got. *hausjan* (< urg. **hauzjan-*) = ae. **hę̄arian* > ws. *hieran*, angl. *hēran* (ne. *hear*).

Ebenso wird das durch Einfluß anlautender palataler Konsonanten entstandene *ĕa* (§ 30, 1) behandelt.

Urg. **gastiz* (idg. **ghostis* = lat. *hostis*, got. *gasts*, ur-nord. *gastiR*, ahd. as. *gast*) > **ȝæsti* > **ȝeasti* > ws. *ȝiest*, angl. kent. *ȝest* (ne. *guest*); — ahd. as. *kāsi* (< lat. *cāseus*) = ae. **ćǣsi-* > **ćeǣsi* > **ćēasi* > ws. *ćīese*, angl. kent. *čēse* (ne. *cheese*).

[1]) Sievers' unfestes *y*. Vor Palatalen steht in der Regel *i* (vgl. § 51, 5 Anm. 2).

Angl. kent. ist *ĕa* > *ĕ* umgelautet (soweit der Diphthong angl. überhaupt auftrat, vgl. §§ 29, 35).

Kent. *fellan, eldra* (ne. *fell, elder*): angl. *fællan, ældra*: ws. *fiellan, ieldra*; – got. *warmjan, arbi* n., *arbja* m. 'Erbe' = ae. (ws.) *wierman, ierfe* n., *ierfa* m., (angl. kent.) *werman* (ne. Vb. *warm* vom Adj.), *erfe, erfa*. – Got. *hausjan, galaubjan, hauhists* = ae. (ws.) *hīeran, ʒelīefan, hīehst(a)*, (angl. kent.) *hēran, ʒelēfan, hēst(a)* < **hēhist(a)* (§ 36) (ne. *hear, believe, highest*).

8. *ĭo* > ws. *ĭe* (später ws. *ĭ, ȳ*).

Ahd. *wirsiro* = ae. (ws.) *wiersa* (ne. *worse*); got. *liuhtjan* = ae. (ws.) *līehtan* (s. § 22, 4).

Angl. kent. unterbleibt der *i*-Umlaut von *ĭo*, das um 800 im Merc. zu *ĕo* übergeht.

Ahd. *hirti, irri, friunt*, as. *hirdi, irri, friund* = *hiorde* 'Hirte', *iorre* 'zornig' (nhd. *irre*), D. Sg. und N. A. Pl. *frīond frēond* (< urg. D. **frijōndi*, Pl. **frijōndiz*): ws. *hierde, ierre, frīend*.

32. Velarumlaut (*u*- und *o*/*a*-Umlaut).

Die ae. palatalen Vokale *ǣ, ĕ, ĭ* werden im 8. Jh. vor velarem Vokal der Folgesilbe (*u, o, a*) bei einfachem dazwischenstehenden Konsonanten zu *ĕa* (= *æa*), *ĕo, io* (nach 800 merc. ws. zu *ĕo*) diphthongiert („umgelautet"). Die Wirkung ist also dieselbe wie bei der Brechung, nur ist die Artikulationsursache eine andere: Es handelt sich hier um eine psychische Erscheinung, um Vorwegnahme (Antizipation) der Artikulation der Folgesilbe wie beim Palatalumlaut.

Auch der Velarumlaut wirkt weder bei den verschiedenen Vokalen noch in den verschiedenen Dialekten gleichmäßig. Er ist ferner von dem folgenden Konsonanten abhängig: Weitgehend durchgeführt ist er vor Labialen und Liquiden, weniger vor Dentalen und Nasalen, am wenigsten vor Velaren. Er ist im Angl. Kent. verbreiteter als im Ws.

1. Velarumlaut von *æ, ă* > *ĕa*.

Er findet sich nur im Merc. (vor allen einfachen Konsonanten außer *l* und den Velaren *ȝ*, *c*) und vereinzelt im Früh-kent., da hier wohl auch vor velarem Vokal der Folgesilbe *a* > *æ* spontan vorrückte (vgl. § 26, 1).

Ahd. *habuh*, as. *haƀuk* = ae. (merc.) **hæfuc* > *heafoc*, sonst *hafoc* (ne. *hawk*); ahd. as. *faran* = ae. (merc.) **færan* > *fearan*, sonst *faran* (ne. *fare*).

Anmerkung: Gemeinae. (jedoch nicht in den übrigen wg. Sprachen) ist *ealu*, *alu*, G. D. (*e*)*aloþ* (ne. *ale*). Das *æ* in ae. N. **ælu*, das die Ausgangsform für *ealu* bildet, erklärt sich wohl nach flekt. G. D. urg. **aluþiz*, **aluþi* mit *i*-Umlaut über die Mittelsilbe hinweg > **alyþi* > **aliþi* > **æliþi* > **æliþ*(*e*) (vgl. § 31, 6d).

2. Velarumlaut von *ĕ* > *ĕo*.

Vor Liquiden und Labialen in allen Dialekten eingetreten.

Urg. **eƀura*, ahd. *ebur*, as. *eƀur* = ae. *eofor* 'Eber'; ahd. *hiruz*, as. *hirut* = ae. *heorot* (ne. *hart*); ahd. *bibar*, as. *biƀar* = ae. *be*(*o*)*for* (ne. *beaver*); as. *heƀan* = ae. *heofon* (ne. *heaven*).

Im Ws. wird *ĕ* > *ĕo* aber nur durch *u*-Umlaut.

Vor Dentalen und Nasalen nicht im Ws., vor Velaren nur im Kent.

Ahd. *metu*, as. Pl. *feteros* = ae. (außer-ws.) *meodu* (ne. *mead* 'Met'), *feotor* (ne. *fetter*); — ahd. *wega*, as. *sprecan* = ae. (kent.) *weoȝas*, *spreocan*, (ws. angl.) *weȝas*, *sprecan* (ne. *ways*, *speak*).

3. Velarumlaut von *ĭ* > *ĭo*.

Vor Liquiden und Labialen in allen Dialekten eingetreten.

As. *siluƀar*, ahd. *sibun* = ae. *siolufr seolfor* (ne. *silver*), *siofun seofon* (ne. *seven*).

Vor Dentalen und Nasalen nicht im Ws. (außer nach *w*: **widu* > **wiudu* > **wudu*, § 33, 1), vor Velaren nur im Kent.

Außer-ws. *sionu seonu*, Pl. *liomu leomu*; ws. *sinu*, *limu* (ne. *sinew*, *limbs*); — kent. *siocol*, *stioȝol*; ws. angl. *sicol*, *stiȝol* (ne. *sickle*, *stile*).

Anmerkung 1: Vor Velaren trat im Angl. Ebnung ein (§ 35), so daß hier nur im Kent. Diphthonge erscheinen.

Anmerkung 2: Der Velarumlaut wurde besonders ws. häufig in der Flexion von Analogiebildungen durchkreuzt.

Ws. Pl. *scipu* statt *sciopu* nach N. *scip* (ne. *ship*), G. *scipes* usw.; ws. Inf. *cliopian cleopian* 'nennen, rufen' neben regelrechtem *clipian* nach dem Prät. *cliopode cleopode*.

33. Einfluß von *w*.

1. In der Verbindung *w* + *i*, *e* + *u*, *o* tritt im Ae. mit dial. Unterschieden Artikulationsvereinfachung durch Ausstoßung des palatalen Bestandteils in velarer Umgebung ein.

a) Wg. **wer*- + Kons. > ae. *weor*- durch Brechung (§ 29, 1 b) > *wor*- im späteren Ndh., jedoch nicht vor *c*, *ȝ*, *h*.

Ahd. *swert*, afr. as. *swerd*; ahd. *werd*, as. *werð* = ae. *sweord*, *weorþ* > ndh. *sword*, *worþ* (ne. *sword*, *worth*). — Afr. as. ahd. *werk* = ndh. *werc*, spät-ws. *weorc* (ne. *work*).

b) Wg. **we*- > ae. *weo*- durch Velarumlaut (§ 32) > *wo*- im nördl. Ndh. und Ws.

Ahd. *weralt*, as. *werold*, ae. **weruld*; ahd. *swester*, as. *swestar*, ae. **swestur* = ae. *weorold*, *sweostor* > ndh. ws. *worold*, *swostor* (ne. *world*, *sister* < aisl. *systir*).

c) Wg. **wir*- + Kons. > ur-ae. **wiur*-, später *wior*- durch Brechung (§ 29, 1) > angl. *wur*- und mit *i*-Umlaut (§ 31) zu *wyr*-, ws. *wier*-.

Wg. **wirsiz* (got. *wairsiza*), wg. **wirþia*- (got. *wairþs*) > angl. *wyrsa*, *wyrþe*, ws. *wiersa wirsa wyrsa* nach § 31, 8, *wierþe* usw. (ne. *worse*, *worth*).

d) Wg. **wi*- > ae. **wiu*- durch Velarumlaut (§ 32) > *wu*- gemeinae.

Wg. **widu* (ahd. *witu*, in nhd. *Wiedehopf*) > ae. **wiudu* > gemeinae. *wudu* (ne. *wood*); – wg. **wiku* (as. *wika*), **cwiku* > ae. **wiucu*, **cwiucu* > ws. *wucu*, *cwucu cucu*, angl. *wicu cwicu* (ne. *week*, *quick*).

Vor Velaren ist im Angl. jedoch durch Ebnung *i* erhalten (§ 35).

2. Spät-ws. werden *wyr*- und *wor*- + Kons. > *wur*-.

Ae. *wyrm*, *wyrsa*, *word* > *wurm*, *wursa*, *wurd* (ne. *worm*, *worse*, *word*); – spätae. *swyrd*, *wyrold* usw. für *sword*, *worold* sind umgekehrte Schreibungen; desgl. *weorm* für *wyrm* (urg. **wurmiz*) wie *swyrd* für *sweord*.

3. Wg. *a* und *ā* bleiben vor *w* unverändert, wenn kein *i*, *j* folgte.

Ahd. *blāen*, *knā(w)an*, *sāen sāwan* = ae. *blāwan*, *cnāwan*, *sāwan* (ne. *blow*, *know*, *sow*); – ae. G. D. Sg. *clawe* zu N. *clēa* (< germ. **klawō* > **klawu*; nach Ausfall des *w* vor *u* entwickelte sich neugebildetes *au* wie altes *au* > *ēa* nach § 26, 4). Neben ae. N. *clēa* steht neugebildeter ae. N. *clawu* mit Flexion nach § 55 (ne. *claw*).

4. Vor *w* wird *e* > *eo*.

Wg. G. Sg. **cnewes*, **trewes* > ae. *cneowes*, *treowes* neben *cnēowes*, *trēowes* nach dem N. Sg. *cnēo*, *trēo* und N. A. Pl. *cnēo*, *trēo* (< germ. **cnewa*, **trewa* und **cnewu*, **trewu* (< **cnewō*, **trewō*); nach Abfall des *a* (§ 48, 2) bzw. Ausfall des *w* vor *u* entwickelte sich neugebildetes *eu* wie altes *eu* > *ẹ̄o* nach § 26, 4); ne. *knee*, *tree*.

5. Nach *w* werden *e*, *ē̆* > *œ*, *œ̄̆* im nördl. Ndh., *i* > *y* gemeinae. gerundet. – Doch ist bei dem letzteren auch mit umgekehrter Schreibung wegen der in gewissen Gegenden Englands im 10./11. Jh. einsetzenden Entrundung von *ȳ̆* > *ī̆* zu rechnen.

Ae. *wer* (§ 22, 2), *twelf*, angl. kent. *wēpen*, *wēron* (ws. *wǣpen*, *wǣron* nach § 26, 2) > nördl. Ndh. *wœr*, *twœlf*, *wœ̄pen*, *wœ̄ron* (ne. *twelf*, *weapon*, *were*); – ae. **nille*, **niton* (< **ne wille*, **ne witon* nach § 51, 4) > gemeinae. *nylle* 'will nicht', *nyton* 'wissen nicht'; ae. *willan*, *hwilč* usw. > spätws. *wyllan*, *hwylč* (ne. *will*, *which*).

34. Labialeinfluß.

In labialer Umgebung, vornehmlich zwischen Labial + *l* erscheint für *o* anderer Stellungen *u*.

Ahd. *wolla*, *wolf*, *foll*, *fogal* = ae. *wulle*, *wulf*, *full*, *fuȝol* 'Vogel' (ne. *wool*, *wolf*, *full*, *fowl*).

35. Ebnung.

1. Unter „Ebnung“ versteht man die ur-angl. Monophthongierung von *ī̆o*, *ē̆o*, *ǣ̆o* (später *ǣ̆a*, geschrieben *ea*)

> ĭ, ĕ, ǣ vor den einfachen Velaren *c*, *ʒ*, *h* (= χ) oder in Verbindung mit vorangehendem *r* oder *l*. Sie ist ein Kennzeichen des Anglischen und so von besonderer Bedeutung für die ne. Lautungen (vgl. § 17). Es handelt sich bei der Ebnung um Lauterleichterung: vor velarem Konsonanten wird der zweite, velare Bestandteil des Diphthongs unterdrückt. Der Ausdruck ,,Ebnung" ist eine von K. Bülbring eingeführte Übersetzung von H. Sweets 'smoothing'.

Beispiele (s. auch § 29): Ws. kent. *feohtan*, *weorc*, *seolh*, *sęoc*, *flęoʒan*, *lęoht* = angl. *fehtan*, *werc*, *selh*, *sęc*, *flęʒan*, *lęht* (ne. *fight*, *work*, *seal*, *sick*, *fly*, *light*); ws. *seah*, *hliehhan* (§ 31, 7) = angl. *sæh*, *hlæhhan* (ne. *he saw*, *laugh*); ws. *ēaʒe*, *hēah* (got. *augō*, *hauhs*) = angl. *ǣʒe*, *hǣh* (7. Jh.) > *ęʒe*, *hęh* (8. Jh.) (nach der Ebnung von *ǣa* > *ǣ* wurde dieses von den nunmehr palatalen Spiranten weiter zu *ę* gehoben; vgl. die spät-merc. Weiterentwicklung von *ę* vor palatalem *ht* > *ī* [*lēht* > *līht*; ne. *light* Sb.] wie auch die von ae. *-ęʒ*, *-ęh* > me. *ī*: *ęʒe*, *hęh* > *ȳe*, *hīgh hȳ*; ne. *eye*, *high*).

2. Im Spät-ws. findet sich Ebnung nur von *ĕa* (über *ǣ*) > *ĕ* nach anlaut. palatalem *c-*, *ʒ-*, *sc-* und vor *h*, bei *ēa* überdies vor *c*, *ʒ*.

Ws. *čealf*, *ʒeaf*, *seah*, *eahta* > *čelf*, *ʒef*, *seh*, *ehta* (ne. *calf*, *he gave*, *he saw*, *eight*); ws. *ʒēar*, *scēap*, *hēah*, *ēaʒe* > *ʒēr*, *scēp*, *hēh*, *ēʒe* (ne. *year*, *sheep*, *high*, *eye*).

3. Im Ws. werden Brechungs-*io*, *-eo* schon in der Zeit vor Alfred d. Gr. durch folgendes palatales *hs*, *ht* über *ie* > *i* umgelautet; nicht dagegen vor velarem *h* (eigentlicher Palatalumlaut).

Ahd. *kneht*, *reht*, *sehs* = ae. (ws.) *cneoht*, *reoht*, *seox*; *cnieht*, *rieht*, *siex*; *cniht*, *riht*, *six* (ne. *knight*, *right*, *six*). – Aber: *cneohtas*, *feohtan* usw. (*ht* vor velarem Vokal); die späteren Formen *cnihtas* : *cneoht* beruhen auf Analogie nach dem Sg. bzw. Pl.

36. Kontraktion.

Bei Ausfall eines intervokalischen *h*, *w*, *j* tritt im Ae. Verschmelzung aufeinanderfolgender Vokale ein.

1. Ein langer Vokal oder Diphthong eliminiert folgenden kurzen Vokal; kurzer Vokal oder Diphthong wird bei Kontraktion gedehnt.

Ae. *scōh* (ne. *shoe*), Pl. **scōhas* > *scōs*; germ. **faŋχanan* > **fōhan* (§ 22, 3) > ae. *fōn* 'fangen'; ws. **flēohan* (< wg. **fleuχan*) > *flẹ̄on* (ne. *flee*); **flę̄aha* (< wg. **flauχ-*) > *flę̄a* (ne. *flea*); angl. **sihis* > *sīs*(*t*) (ws. *siehst* 'siehst'); got. ahd. as. *slahan*, ahd. as. *sehan* = ae. **slęahan*, **sẹohan* > *slę̄an*, *sẹ̄on* (ne. *slay*, *see*); wg. **cnewu*, **trewu* (§ 33, 4) > *cnẹ̄o*, *trẹ̄o* (ne. *knee*, *tree*); idg. **ə̑kwā* (lat. *aqua*) > urg. **ahwō* > wg. **ahwu* (got. *ahwa*) > **ahu* (as. ahd. *aha* in nhd. Orts- und Flußnamen auf *-a*, *-ach*) > ur-ae. **eahu* (§ 29, 1 a), ur-angl. **æhu* (§ 35, 1) > ae. *ę̄a* 'Ache, Wasser, Fluß'.

2. Kurzer oder langer palataler Vokal + velarer Vokal ergeben jedoch langen Diphthong.

Got. *fijands*, *frijōnds*, *þrija* n. = ae. *fīond*, *fēond*, *frīond*, *frēond*, *þrīo þrēo* fn. (ne. *fiend*, *friend*, *three*); angl. *flẹ̄han* (< **flẹ̄ohan* durch Ebnung) > *flēan* (ne. *flee*).

37. Dehnung kurzer Vokale.

1. Im Wortauslaut werden im Ae. unter dem Starkdruck die kurzen Vokale einsilbiger Wörter gedehnt.

Got. *bi*, *hwas*, *nu*, *swa*, *þu* = ae. *bī*, *hwā*, *nū*, *swā*, *þū* (ne. *by*, *who*, *now*, *so*, *thou*).

2. Unter Ausfall von ȝ zwischen Palatalvokal + Kons. (*d*, *þ*, *n*) tritt im Ws. Ersatzdehnung ein.

Ae. (ws.) *brīdel*, *mǣden*, *sǣde*, *sīþe* usw. neben älterem *briȝdel*, *mæȝden*, *sæȝde*, *siȝþe* (ne. *bridle*, *maiden*, *said*, *scythe*).

Fast ausnahmslos wird im Ws. *onȝēan* 'wi(e)der, entgegen' gebraucht. Die Poesie schwankt zwischen *onȝēan* und *onȝeȝn*.

Ahd. *gagan*, *gegin* = ae. *on-ȝæȝn*, *-ȝeȝn* (§ 26, 1) > *on-ȝǣn* > *on-ȝēan* (§ 30, 1); ne. *again*.

3. a) Bereits ur-ae. (nach der Brechung, aber vor der Ebnung) ist *h* zwischen Vokal + sth. Kons. unter Dehnung des vorangehenden Vokals geschwunden.

Wg. **stahlia* (ahd. *stehli*) > ws. *stīele stȳle*, angl. kent. *stēle* nach §§ 29, 1 a und 31, 7 (ne. *steel*).

b) Erst nach der (angl.) Ebnung (§ 35) fällt *h* auch zwischen Kons. + Vokal aus, gleichfalls unter Dehnung des Wurzelvokals.

Ae. (ws. kent.) *seolh, mearh*, G. **seolhes*, **mearhes* > *sēoles, mēares* auch *seoles, meares* mit Kürze nach Formen mit auslaut. *h* (ne. *seal, mare*).

4. Vor Nasal oder Liquida + sth. homorganem Verschlußlaut (*mb, nd, nȝ, ld, rd*, sowie vor *rl, rn, rs* [*rz*], *rþ* [*rð*]) werden die kurzen Vokale und Diphthonge im 9. Jh. gedehnt, jedoch nicht, wenn ein dritter Konsonant folgt.

Ae. *clīmban, fīndan, lānȝ lōnȝ*, ws. *ēald*, angl. *āld, fēld, hēard, ēorl, mūrnan* (ne. *climb, find, long, old, field, hard, earl, mourn*). — Ae. *ċīld* : *ċildru* (ne. *child — children*), ae. *lānȝ* : *lenȝra enȝlisc* (ne. *long(er), English*).

38. Kürzung langer Vokale.

Im Ae. tritt um 1000 Kürzung langer Vokale ein vor mehrfacher Konsonanz (Ausnahme § 37, 4) wie auch besonders vor Doppelkonsonanten mehrsilbiger Wörter und in Zusammensetzungen, die nicht mehr als solche empfunden werden; die letzteren erlitten auch sonst stärkere lautliche Veränderungen.

Ae. *blīþs, wīfman, sīþ + þan, ȝōdspell* (§ 3) > *bliss, wimman, siþþan, ȝodspell* (ne. *bliss, woman, since, gospel*); *hlāford* 'Herr' (ne. *lord*) < ae. **hlāfweard* < urg. **hlaibward* '(Laib) Brotwärter'; *ēorod, -ed* 'Trupp' < **eoh-rād* 'Reiterei' (§ 37, 3b); *frēols* 'Freiheit' (§ 36, 2) < **frīhals* 'Freihalsigkeit' (der Sklave trug einen Ring um den Hals), got. *freihals* 'Freiheit', ahd. mhd. *frīhals* 'der Freie'.

39. Im Altenglischen finden sich nach dem oben (§§ 26 bis 38) Ausgeführten unter dem Starkdruck folgende Vokale und Diphthonge:

Kurze Vokale: *a, æ, e, i, o, u, y.*
Lange Vokale: *ā, ǣ, ē, ī, ō, ū, ȳ.*
Kurzdiphthonge: *ęa, ęo, ie, io.*
Langdiphthonge: *ę̄a, ę̄o, īe, īo.*

b) Konsonanten (vgl. § 25).

40. Stimmhaft- und Stimmloswerdung.

In sth. Umgebung werden die stl. Spiranten *f*, *s*, *þ* im Ae. sth. *ƀ*, *z*, *đ*, was in der Schreibung jedoch nicht zum Ausdruck kommt (§ 19); anderseits gehen die sth. *ƀ*, *ℊ* vor stl. Konsonanten sowie im Auslaut zu stl. *f*, *χ* über. – Vor und nach stl. Konsonanten wird *d* zu *t*.

Beispiele: *wulfas, nosu, brōþor* (ne. *wolves, nose, brother*); N. *wīf* : G. *wīfes* (*v*), N. *ȝenōh* : G. *ȝenōȝes* (ne. *wife* : *wife's, enough* : archaisch *enow*); *þū bindest* > *bintst*, Prät. *cēpte, ȝrētte* usw. zu Inf. *cēpan, ȝrētan* (ne. *keep, greet*).

In Verbindung mit *l* wird urg. *þ* > ae. *d*.

1. *lþ* > *lđ* > *ld*: Got. *balþaba* (Adv.), *gulþ* (< urg. **gulþa(n)* < idg. **ĝhḷtom*, vgl. §§ 21, 5; 22, 2; 48, 1, 2), *wilþeis* = ae. *b(e)ald, ȝold, wilde* (ne. *bold, gold, wild*);

2. *þl* nach langem Vokal > ws. *dl*: Got. *nēþla*, as. *nādla* = ae. (ws.) *nǣdl*, (angl.) *nęþl*, ndh. auch *nędl* (ne. *needle*).

þl nach kurzem Vokal > ws. *tl*: Ahd. *sethal*, germ. **seþla* = ae. (ws.) *setl* 'Sitz', (angl.) *seþel, sedl* mit Metathese poet. *seld* (ne. *settle*).

41. Verdopplung und Vereinfachung.

Noch im Ae. haben *r* und *l* geminierende Kraft (§ 25, 3 b). Nach Verdopplung des vorausgehenden Konsonanten wird ein langer Vokal oder Diphthong vor nunmehr langer Konsonanz gekürzt.

Ae. *blǣdre, hwītra, dēopra, bet(e)ra* (got. *batiza*) > *blæddre, hwittra, deoppra, bettra* (ne. *bladder, whiter, deeper, better*).

Vereinfachung von Doppelkonsonanten tritt vor und nach anderen Konsonanten ein sowie häufig im Wort- oder Silbenauslaut.

Inf. ae. *sendan, restan* (ne. *send, rest*), Prät. *sende, reste* < **send-de, *rest-te*; *man(n), bed(d)*.

42. Metathese.

1. Vor kurzen Vokalen stehendes *r* hat häufig Umstellung erfahren, falls *n*, *nn*, *-s* oder *s* + Konsonant darauf folgten.

Got. *razn*, aisl. *rann*, got. ahd. as. *brinnan*, got. aisl. ahd. as. *gras*, aisl. ahd. *hross* = ae. *ærn* 'Haus', ws. *birnan* (angl. *biornan*, *beornan*), *ȝærs* (*ȝræs*), *hors* (ne. *burn*, *grass*, *horse*).

Im Angl. begann die Metathesis schon vor der Zeit der Brechung, im Ws. und Kent. erst nach derselben.

2. Im Ws. sind auch *sc* und *sp* häufig umgestellt worden.

Fiscas, *āscian*, *wæsp* neben *fixas*, *āxian*, *wæps* (ne. *fishes*, *ask*, *wasp*).

3. In druckschwacher Silbe wird *l* nach stl. Spirans umgestellt.

As. *rādislo* (nhd. *Rätsel*) = ae. *rǣdels* (ne. *riddle*).

43. Assimilation.

Häufig gleicht sich im Ae. ein Konsonant dem folgenden an (regressive A.), zuweilen aber auch dem vorangehenden (progressive A.).

Ws. *hīehra*, *nę̄ahra* > ws. *hīerra*, *nę̄arra* (ne. *higher*, *nearer*); *wīfman*, *cȳþde* > spät-ae. *wimman* (ne. *woman*), *cȳdde* 'kündete'; ws. *nē(a)hȝebūr* > spät-ae. *nēhhebūr* (ne. *neighbour*).

44. Palatalisierung und Assibilierung.

(Die Aussprache von ae. c, ȝ, sc).

Bereits in ur-ae. Zeit, noch vor Eintritt des *i*-Umlauts, werden in der anglofriesischen Sprachgruppe die germ. Velare *k*, *g*, *sk* in palatale und velare Gaumenlaute aufgespalten, was in der ae. Schreibung *c*, *ȝ*, *sc* jedoch nicht zum Ausdruck kommt. Die ae. Runenschrift unterschied die palatalen und velaren *c* und *ȝ* durch besondere Zeichen (s. Sievers-Brunner, § 205 Anm. 1). Es nahm ae. palatales *ć* etwa die Aussprache des *k* in nhd. *Kind* an, ae. palatales *ȝ́* fiel mit germ. *j* zusammen (s. § 30).

I. Ae. c und ȝ.

Unter folgenden Bedingungen wurden germ. *k* und *g* zu ae. palatalen *ć* und *ȝ́*:

a) Im A n l a u t vor den primären (d. h. vor den schon

vor dem *i*-Umlaut vorhandenen) ae. palatalen Vokalen und Diphthongen.

Ahd. *gart*, *gelo* (G. *gelwes*), *geban* = ae. *ȝeard* (§§ 26, 1; 29, 1 b), *ȝeolu*, *-o* (§§ 32, 2; 70, 2), *ȝ(i)efan* (§ 30, 1), ne. *yard*, *yellow*, *give* skand.; – aber: ae. *ʒēs*, *ʒylden*, *ʒyrdan*, *ʒāst*, *ʒlīdan* mit sth. velarem Verschlußlaut *g* (ne. *geese*, *golden*, *gird*, *ghost*, *glide*) = ur-ae. **ʒōsi* (< wg. **gansiz* nach § 28, 1), ahd. as. *guldīn*, as. *gurdian*, ahd. *geist*, *glītan*.

Anlautendes palatales *c* wird im Laufe der ae. Zeit weiter zur Affrikate *č* [*tš*] assibiliert.

Ahd. as. *kinni* = ae. *ćin* > **ćjin* > **tjin* > *čin* (ne. *chin*); ahd. *kiosan*, *kiuwan*, *kāsi*, *kalt* = ae. *čēosan*, *čēowan*, *čēse* (§ 31,7), ws. *čeald* (§ 29,1 c), ne. *choose* < ae. *čeósan*, *chew*, *cheese*; – aber: ae. *cyssan*, *cyninʒ*, *cēne*, *cuman*, *clǣne*, angl. *cald* mit stl. velarem Verschlußlaut *k* (ne. *kiss*, *king*, *keen*, *come*, *clean*, *cold*) = wg. **kussian*, **kuningaz*, **kōni*, ahd. *koman*, *kleini*, *kalt*.

b) Im Inlaut zwischen primären ae. palatalen Vokalen, ferner zwischen Palatalvokal + Kons.

Ahd. G. *tages*, got. *augō*, *fagrs*, aisl. *regn* = ae. *dæȝes*, (angl.) *ēȝe* (§ 35,1), *fæȝer*, *reȝn* (ne. *day's*, *eye*, *fair*, *rain*); – aber: ae. *lyʒe*, *fuʒol* 'Vogel', (ws.) *ēaʒe*, *folʒian* mit velarem Reibelaut *ʒ* (ne. *lie* Sb., *fowl*, *follow*) = ahd. *lugī*, *fogal*, *ouga*, germ. **fulgōjan*.

Inlautendes palatales *ć* und der palatale sth. Verschlußlaut *ʒ*, der auf germ. *g* < *g* nach dem Nasal *ŋ* (§ 23, 2) bzw. auf wg. *gg* < *gj* (§ 25, 3a) zurückgeht, erfahren dann vor ur-ae. *i*, *j* über *ćj*, *tj* bzw. *gj*, *dj* noch Assibilierung zu *č* (*tš*) und *ǯ* (*dž*).

Wg. **sōkian*, **stiki*, **draŋkian*, **saŋgian*, **bruggjō*, **liggjan* (got. *sōkjan*, as. *stiki*, ahd. *trenkan*, afr. *senga*, as. *-bruggia*, *liggian*) > ae. *sēčan*, *stiče*, *drenčan*, *senǯan*, *bryčǯ* (*ddž*), *ličǯan* (ne. *be-seech*, *stitch*, *drench*, *singe*, *bridge*, *lie* Vb.); — aber: ae. *macian*, *lōcian* < germ. **makōjan*, **lōkōjan* über **makējan*, **lōkējan* (ne. *make*, *look*).

Anmerkung 1: Kam *č* durch Synkope des *i* in Mittelsilben (§ 49) vor Kons. zu stehen, so wurde es zu *c*. Es stehen daher ae. *hē þencþ*, *þyncþ*, *þū sēcs(t)* (< *-iþ*, *-is*) neben dem Inf. ae. *penčan, pynčan, sęčan* (ne. *think, seek: beseech*) = got *pagkjan, pugkjan, sōkjan.*

Anmerkung 2: In der 2. 3. Sg. Präs. der mit germ. *-jan* abgeleiteten Verben war das im Germ. urspr. intervokale *-j-* vor dem *i* der Endung bereits vor der Wirkung der wg. Konsonantenverdoppelung (§ 25, 3a) geschwunden (2. 3. Sg. germ. **lagi(j)iz*, **lagi(j)iþ* zu Inf. **lagjan-* > ae. *leȝes(t)*, *leȝeþ* zu *lečȝan*, ebenso **sagjan-*, **bugjan-* usw.; ne. *lay, say, buy* nach der 2. 3. Sg.). Es trat daher hier keine Gemination und somit auch keine Assibilierung von wg. *gg* > *dž* ein.

c) Im Auslaut ist ȝ palatal nach allen palatalen Vokalen.

Ahd. *tag, weg, hevig* = ae. *dæȝ, weȝ, hefiȝ* (ne. *day, way, heavy*).

Auslautendes palatales *ć* wird weiter zu *č* assibiliert nach unmittelbar vorausgehendem *i.*

As. *dīk*, got. *ik*, germ. **hwalīk* (*hwa* = lat. *quod*), **hwilik* (got. *hwileiks, hwi* = lat. *quis*) : **swalīk* (got. *swaleiks*) = ae. *dīč, ič*, altws. angl. *hwelč, swelč*, spätws. *hwilč hwylč* (§ 33,5), danach durch Angleichung *swilč swylč* (ne. *ditch, dike* skand., *I, which, such*).

Die Palatalisierungs- und Assibilierungsgesetze gelten für das ganze ae. Sprachgebiet. Die besonders im Norden und Nordosten auftretenden Wörter mit velarem *k, g* an Stelle von ae. *tš, dž* erklären sich durch die Aufnahme zahlreicher altnord. Lehnwörter, die später nach Süden drangen.

Lat. *catillus* = ae. *č(i)etel* (> ne. **chettle*); aisl. *ketill* (> ne. *kettle*); neben ae. *-ȝ(i)etan, ȝ(i)efan, ȝift, ȝ(i)est* usw. stellen sich aisl. *geta, gefa, gift, gestr* (ne. *get, give, gift, guest* mit skand. *g*).

Kriterien für den Eintritt der Palatalisierung und Assibilierung sind:

1. Die umgekehrte Schreibung *fečč(e)an* für älteres *fetian* (Zusammenfall von *č* mit *tj*, vgl. § 77, Kl. III, 4) in einer Handschrift aus der zweiten Hälfte des 9. Jhs., *orčȝeard* für *ortȝeard* in der Hs. H der Cura Past. (ne. *fetch, orchard*). – 2. § 30, 1. – 3. Die Runenzeichen (s. o.). – 4. Der Einschub eines *e* oder *i* als graphisches Hilfszeichen zwischen inlaut. palat. *ć*, *ȝ*, *sć* + velarem Schwachdruckvokal (ae. *sę̄č(e)an*, D.Pl. *ę̄č(i)um* zu *ę̄če*, *ličȝ(e)an*, *sečȝ(e)an*, *wȳsc(e)an*).

II. Ae. sc.

a) Im Anlaut wurde *sc* überall palatal, jedoch zuerst vor palatalen, später dann auch vor velaren Vokalen (s. § 30, 1 und 2).

Um die Mitte des 10. Jhs. war anlautendes ae. *sc*- bereits in allen Fällen auf dem Wege zur breiten Spirans *š* [ʃ].[1]) Für alle anlaut. *sc* kann die Entwicklung von *sk* > *sχ* > *š* angesetzt werden.

Ahd. *scal, scolta, skīnan, scouwōn, scuoh* (*uo* < *ō*) = spätae. *sčeal, sč(e)olde, sčīnan, sčęawian, sč(e)ōh* (ne. *shall, should, shine, show* < ae. *sčęāwian, shoe*).

b) Im Inlaut und Auslaut bewahrte *sc*, das nicht unter dem Einfluß palataler Vokale steht, seine *sk*-Aussprache bis weit ins 10. Jh.

Ahd. *wascan, fisca, frosc* = ae. *wascan waxan* (§ 26,1), *fiscas fixas, frosc frox* (ne. *wash, fishes, frog* < ae. *froȝȝa*).

Kriterium[2]): Metathese (Umstellung) von *sc* zu *cs* (*x*) auf ws. Gebiet gegen Ende des 9. Jhs. (§ 42,2).

c) Gegen Ende des 10. Jhs. wurde *sc* auch im In- und Auslaut zur breiten Spirans *š* [ʃ]. Diese trat un-

---

[1]) H. M. Flasdieck, Die Entstehung des engl. Phonems [ʃ]. In: „Anglia" Band 76, 1958, S. 339—410.

[2]) H. Weyhe, Zur Palatalisierung von in- und auslautendem *sk* im Ae In: „Engl. Studien" 39, 1908, S. 161—188.

mittelbar nach einer Starktonsilbe im Inlaut durchweg als Geminata [-ʃʃ-] auf, im Auslaut aber als [ʃ] nach langem und als [ʃ:] nach kurzem Vokal.

Ahd. *wunsken* (wg. **wunskian*), *fiscāri*, *fisc*, *tisc* 'Schüssel, Tisch' (gr. *δίσκος* 'Wurfscheibe', lat. *discus*) = spätae. *wȳsčan*, *fisčere* (§ 51,3[1]), *fisč fix*, *disč dix* mit Metathese nach dem Pl. *fixas*, *dixas* (ne. *wish*, *fisher*, *fish*, *dish*).

Der Übergang von ae. *sc* > *š* war zu der Zeit, als die skand. Lehnwörter in die englische Sprache drangen, bereits vollzogen, so daß diese ihr *sk* (in ne. *sky*, *skin*, *skill* usw.) regelmäßig bewahrten.

Anm. 3: Ae. *scurf sc(e)orf* hat seine *sk*-Lautung unter skand. Einfluß bis zum ne. *scurf* 'Schorf' bewahrt; bei ae. *scōl* < lat. *schola* (ne. *school*) und ae. *scolere* 'Schüler' < spätlat. *scholārius* (ne. *scholar*) handelt es sich um gelehrte Lehnwörter, die unter dem Einfluß der lat. Lautung standen.

45. Vokalisierung der Halbvokale *w* und *j*.

Treten *w*, *j* auf Grund der Auslautgesetze (§ 48) in den Auslaut, so gehen sie in *u*, *i* (später *o*, *e*) über, die nach langer Stammsilbe schwinden (§ 48, 2).

Germ. **melw(a)*- > (ahd. as. *melo*), ae. *meolu meolo* (mit *u*-Umlaut), G. *melwes*, D. *melwe*, danach N. *melu*, -*o* (ne. *meal* 'grobgemahlenes Mehl'); ae. N. *bealu*, *nearu*, G. *bealwes*, *nearwes* (mit Brechung) (ne. *bale*, *narrow*); got. *aiw*, *snaiws* = ae. **āu*, **snāu* > *ā* 'immer, ewig', *snā*; *snāw* (ne. *snow*) nach den flekt. Formen G. *snāwes*, D. *snāwe*; – got. *harjis* = (ahd. as. afr. *heri*), ae. *here* (nhd. *Heer*).

46. Das Zeichen *h*.

Das ae. *h* bezeichnet drei verschiedene Lautwerte:

1. Den Hauchlaut *h* im Anlaut (< urg. *χ*).

Hūs, *hēafod*, *hlēapan*, *hnutu*, *hrinȝ*, *hwīt* (ne. *house*, *head*, *leap*, *nut*, *ring*, *white*).

Im Ndh. erhält sich ae. der urg. velare Spirant *χw*- (wie in schott. Dialekten noch heute). Um 1000 ist das *h* in *hl*, *hn*, *hr* verstummt.

2. Die palatale Spirans *h* (= χ' in nhd. *ich*) im Inlaut vor ursprünglich palatalem Vokal (oder *j*), im Auslaut nach diesem.

D. *dehter* (< **dohtri*), *niht* (< **nahti*), *lī(e)htan* (*got. liuhtjan*); angl. *hẹ̄h*: ws. *hę̄ah* (ne. *daughter, night, to light, high*).

3. Die velare Spirans *h* (= χ in nhd. *ach*) im Inlaut vor ursprünglich velarem Vokal, im Auslaut nach diesem.

Dohtor, brōhte (got. *brāhta*), *rūh, þurh, ʒenōh* (ne. *daughter, brought, rough, through, enough*).

Anmerkung; Inlautendes einfaches *h* zwischen Vokalen schwand (§ 36); *hs* (= χ*s*) wurde zu *ks* (geschrieben *x*).

Got. *aúhsa*, ahd. as. *ohso*, got. *wahsjan*, ahd. as. *wahsan* = ae. *oxa, weaxan* (ne. *ox, wax*, nhd. *Ochse, wachsen*).

Entwicklung unter dem Schwachdruck.

47. Die Druckverteilung.

Der Starkdruck, der im Indogermanischen frei war, wurde im Germanischen auf die Wurzelsilbe festgelegt, die meistens die erste Silbe eines Wortes ist bis auf folgende Ausnahmen:

1. Die Vorsilben der im Urg. entstandenen Verbalkomposita stehen stets unter dem Schwachdruck (ae. *forlḗosan, onfṓn, oþflḗon*; nhd. *verlíeren, empfángen, entflíehen*), wie auch

2. die drei Präfixe ae. *ʒe-, be-, for-* (nhd. *Ge-, Be-, Ver-*) der Nominalkomposita (ae. *ʒebéd, beʒánʒ, forbód*; nhd. *Gebét, Beréich, Verbót*).

Die von Nominalkompositis abgeleiteten Verben (ae. Sb. *ándswaru*: Vb. *ándswerian*; ne. *ánswer*) wie auch die erst im Ae. gebildeten trennbaren Verbalkomposita (*fóresẹ̄on, úpflẹ̄oʒan, útdrīfan*; nhd. *vór(her)sehen, aúffliegen, aústreiben*) tragen den Starkdruck ebenfalls auf der ersten Silbe.

48. Die germanischen Auslautgesetze.

Die Festlegung des Starkdrucks im Germ. bewirkte nun den Verfall der druckschwachen Endsilben.

1. Die idg. Endkonsonanten schwinden im Urg. bis auf *s* und *r*. Auslaut. idg. *-s*, das nach Verners Gesetz (§ 23, Ausn. 2) im Urg. mit *-z* wechselte, wurde im Ostgerm. (Got.) durchweg zu *-s*, im Nordgerm. (über runisches *-R*) zu *-r*, im Westgerm. ist *-z* geschwunden, so daß hier nur noch *-r* erhalten blieb.

Idg. **ghostis* (lat. *hostis*) > urg. **gastiz* > got. *gasts*, urnord. *gastiR*, aisl. *gestr*, ahd. as. *gast*, ae. *ȝ(i)est* (§ 31,7); – idg. **pətḗr* (lat. *pater*) > urg. **fadǽr* > got. *fadar*, aisl. *faðir*, ahd. *fater*, as. *fadar*, afr. *feder*, ae. *fæder*.

Auslaut. idg. *-m* wurde im Urg. zu *-n*, das wie auslaut. Dental und *-z* in einsilbigen Wörtern nach kurzem Vokal erhalten blieb (*z* > *r*).

Idg. **tom* (lat. *tum* 'dann') > urg. **þan* > got. *þan*, as. afr. *than*, ae. *þan þon*; – idg. **qu̯od* (lat. *quod*) > urg. **χu̯at* > aisl. *hvat*, ahd. *hwaz*, as. *hwat*, afr. *hwet*, ae. *hwæt*; – lat. *is* = urg. **iz* > got. *is*, ahd. *er ir*.

Anmerkung: Die anderen im Auslaut ae. (wg.) Wörter stehenden Konsonanten sind also sämtlich durch Abfall ursprünglich darauffolgender Laute zu erklären.

2. Die idg. (wie auch die erst urg. nach Abfall von Endkonsonanten in den Auslaut tretenden) kurzen Endvokale *a*, *o*, *e* fallen sowohl im absoluten als auch im gedeckten Auslaut im Urg. ab[1]); *i* und *u* bleiben und erfahren im Wg. besondere Behandlung: sie schwinden nach langer Stammsilbe, bleiben jedoch nach kurzer erhalten. Ebenso erhält sich ae. *u* nach langer Stamm- und kurzer Mittelsilbe: *hēaf(o)du* (ne. *heads*).

---

[1]) In den aus einer germ. Sprache des 2./3. Jhs. stammenden finnischen Lehnwörtern *kuningas* 'König', *armas* 'lieb', *kaunis* 'schön' usw. (urg. **kuningaz*, **armaz* 'arm', **skauniz*) sind die vollen germ. Endungen bis heute erhalten.

Urg. **gastiz* > **gasti* > ae. *ʒ(i)est* (§ 31,7); – urg. **studiz* (got. *staþs*) > as. *stedi stidi*, afr. *stide*, ae. *stede* mit Senkung von *-i* > *-e*, § 51,1 (ne. *stead*); urg. **handuz* (got. *handus*) > ahd. *hant*, as. afr. ae. *hand* (ne. *hand*); – urg. **sunuz* (got. *sunus*) > ahd. as. afr. ae. *sunu* (ne. *son*). Daher (§ 53): ae. Sg. na. *wīf – word*; *lim – dæl*; Pl. *wīf – word*; *limu – dalu*.

Anmerkung: Eine lange Stammsilbe liegt ae. vor: 1. bei langem Vokal oder Diphthong, 2. bei kurzem Vokal oder Diphthong vor mehrfacher Konsonanz.

In einsilbigen Wörtern blieben unter dem Starkdruck kurze Vokale erhalten.

Idg. **ad*, **ne* (lat. *ad*, *ne-*) > got. *at*, *ni*, ahd. *az*, *ne ni*, as. *at*, *ne ni*, ae. *æt* 'an, bei', *ne ni* 'nicht'.

3. Die idg. (wie auch die erst urg.) langen Endvokale werden in den germanischen Sprachen meist gekürzt und umgefärbt. Z. B. erscheinen urg. *-ō* (< idg. *-ā*, *-ō*), *-ǣ* (< *-ē*) und *ī* im Ae. als *-u*, *-e* und *-i*; diese *-u*, *-i* werden dann wie die ursprünglichen *-u*, *-i* behandelt (s. unter 2).

Idg. **bherō* (lat. *ferō*) > ae. *beru* (§ 76a); urg. **wurdō* (lat. Pl. *verbā*, Sg. *verbum* < **u̯erdhom*), **limō* > ae. Pl. *word*, *limu*; alat. *velīt* = got. ahd. as. *wili*, ae. *wile*.

4. Die idg. langen auslautenden Diphthonge werden urg. gekürzt und dann wie die kurzen in den germ. Sprachen monophthongiert; doch erhält sich im Got. noch *-ai*, *-au*.

Idg. **oktṓu* > urg. **aχtau* = got. *ahtau*, ahd. as. *ahto*, afr. *achta*, ae. *e(a)hta*, *æhta*; N. Pl. m. got. *blindai*, ae. *blinde*.

Die große Vielheit idg. Endungen wird im Ae. auf die Endungen *-i* (später *-e*), *-u* (später *-o*), *-a* und *-e* reduziert.

49. Synkope germanischer Mittelvokale.

Jeder ursprünglich kurze Mittelvokal wird im Ae. nach langer Stammsilbe ausgestoßen (synkopiert), sofern er nicht durch Position geschützt ist.

Got. *hausida* = ae. (ws.) *hīerde*, (angl.) *hērde* (§ 31, 7) (ne. *he heard*); N. Sg. ae. *hēafod*, *hālıʒ*, *sāwol* (ne. *head*, *holy*, *soul*); G. *hēafdes*, *hālʒes*, *sāwle*.

Doch erleidet diese Regel durch Analogiewirkung manche Ausnahmen.

50. Silbische Liquide und Nasale.

Wie schon im Germ. (§ 21,5), so sind die Liquiden *r*, *l* und die Nasale *m*, *n* auch im Ae. noch silbenbildend, sofern sie auf Grund der Auslautgesetze nach einem Konsonanten in den Wortauslaut zu stehen kamen. Der neugebildete Sproßvokal ist *e* nach palatalem, *o* (*u*) nach velarem Stammvokal. Am regelmäßigsten findet er sich vor *r*, seltener vor *l* und *n*, am wenigsten vor *m*.

Got. *fagrs*, *fugls*, *ibns*, as. afr. *bōsm* = ae. *fæȝer*, *fuȝol*, *efn efen*, *bōsm bōsum* (ne. *fair*, *fowl*, *even*, *bosom*).

51. Die ae. Vokale unter dem Schwachdruck.

1. Etwa um die Mitte des 8. Jhs. werden früh-ae. *ĭ*, *ǣ* und *ŭ* in druckschwachen Silben zu *ĕ* und *ŏ* (später auch *a*) abgeschwächt.

Got. *mikils*, aisl. *mikill*, ahd. *mihhil*, as. *mikil* = ae. *mičel myčel* (ne. *much*); got. *ubils*, ahd. *ubil*, as. *ubil* = ae. *yfel* (ne. *evil*); *bindiþ* > *he bindeþ* (< urg. *-iþi*); got. *nasida* = ae. *neridæ* > *nerede* (S. 112); urg. **đagas(a)* > *dæȝæs* > *dæȝes* (§ 53); got. *bērun* = ae. *bǣrun bērun* (§ 21,2) > *bǣron bēron*; – aber: ahd. *honag*, *manag*, *botah* = ae. *huniȝ*, *maniȝ moniȝ*, *bodiȝ* (ne. *honey*, *many*, *body*), wo sich germ. *-ag* über ae. *-æȝ* zu *-iȝ* entwickelt hat.

Anmerkung: Doch wurde *ĭ* vor palatalen Konsonanten nicht zu *ĕ* gesenkt.

Enȝlisc, *ūsič* (§ 64), *hefiȝ* (D. Sg. *hefiȝe* – aber D. Pl. *hefeȝum*, da *ȝ* vor *u* (*a*) velar; ebenso Beowulf Vers 337 *maniȝe men*: Vers 5 *moneȝum mǣȝþum*).

2. Idg. *ŏ* erscheint unter dem Schwachdruck vor *m* got. als *ă*, ae. (wg.) jedoch als *ŭ*.

Got. D. Sg. *blindamma* zu N. *blinds* – ae. *blindum* zu N. *blind* (§ 70); got. D. Pl. *dagam* – ae. *daȝum* (§ 53) < idg. **dhoghomis*.

Dieses *ŭ* wurde ae. nicht zu *ŏ* gesenkt. Im Spätae. geht die Endung *-um* in *-un*, *-on*, *-an* über.

3. Die ursprünglich langen druckschwachen Vokale werden gekürzt:

a) *ǣ* > *ĕ*.

Got. *bōkāreis* (ahd. *buohhāri*) = ae. **bōcǣre* > *bōcere* 'Schriftgelehrter'.

b) *ī* > *ĭ* > *ĕ* (s. o.).

Ahd. *magatīn*, as. ahd. *guldīn*, got. *gulþeins* = ae. *mæȝden*, *ȝylden* (ne. *maid(en)*, *golden* nach Sb.).

c) *ō* > *ŏ*, *ă*, *ŭ* (in den ae. Dialekten wechselnd).

Beispiele s. § 77, Klasse II; ferner got. *armōsts* = ae. *earmōst* (auch *-ast*, *-ust*), § 72b; got. *mēnōþs*, ahd. *mānōd* = ae. *mōnaþ* (ne. *month*).

d) *ū* > *ŭ*.

Urg. **dugunþ-*, **jugunþ-* > **dugūþ*, **jugūþ* (§ 28,1) > ae. *duȝuþ* 'Tugend', *ġuȝuþ* *ȝ(e)oȝoþ* (§ 30,2), ne. *youth*.

4. Aber nicht nur in ae. End- und Mittelsilben trat Abschwächung druckschwacher Vokale ein, sondern wie im Ne. auch in druckschwachen Vorsilben und Wörtern, namentlich in den sog. Formwörtern.

Ae. *órþonc* 'Klugheit': *ăþénčan* 'erdenken' (vgl. nhd. *Úrlaub*: *erláuben*); spätae. *abūtan*, *aweȝ*, *amonȝ* für *onbūtan*, *onweȝ*, *on ȝemonȝ* (ne. *about*, *away*, *among*); Präp. *be*, Adv. *bī*; *ni*, *ne* + *wæs*, *wǣron*, *wolde*, *is*, *habban* usw. > *næs*, *nǣron*, *nolde*, *nis*, *nabban* (ne. *was*, *were*, *would*, *is*, *have not*); *bi-*, *be-* + *ūtan*, *ufan* > *būtan*, *bufan* (ne. *about*, *but*, *above*); *þŭ*, *hĕ*, *mĕ*, *wĕ* usw. (ne. *thou*, *he*, *me*, *we*); *te* für *tō* (Beow. V. 2922), *fer* für *for* (s. Förster, Reliquienkultus, S. 21[1]).

5. a) Im Spätws. erscheint in Wörtern unter dem Schwachdruck häufig *y* für abgeschwächtes *i*.

Spätws. *hys*, *hyne*, *hyt*, *hym* (§ 64), *byst*. *byþ*, *ys*, *synt*, *synd(on)* (§ 79), *þysse*, *þyssa* usw. (§ 68).

Auch für abgeschwächtes *e* in Endsilben tritt bisweilen *y* auf.

Spät-ws. *fædyr*, *wintrys*, *hǣlynd* für *fæder*, *wintres*, *hǣlend* 'Heiland'.

Anmerkung 1: Dagegen erklärt sich *y* für *i* in Wörtern wie ae. *lybban*, *nyman*, *fyndan*, *dryncan*, *fyrst*, *čyriče* für ae. *libban* 'leben', *niman* 'nehmen', *findan* 'finden', *drincan* 'trinken', *first* 'Frist' (§ 42), *čiriče* 'Kirche' usw.

verschiedenartig. Neben Labialen und neben *r* ist ae. wohl ein *ü*-ähnlicher Laut anzusetzen (vgl. ae. *čiriče*, *čyriče* > me. *chirche*, *churche*), im übrigen muß man, auch bei *ȳ* für *ī*, mit umgekehrten Schreibungen rechnen (vgl. §§ 31,7; 33,5).

Anmerkung 2: Vor und nach Palatalen wird *y̆̄* (< *i*-Umlaut von *ŭ̄*) hauptsächlich spätws. (Aelfric) zu *ĭ̄* entrundet. Im Anglischen ist die Entrundung seltener.

Komp. *ʒinʒra*, Sup. *ʒinʒest* (mit *i* nach *ʒ* < germ. *j* bereits frühws. und angl.) für *ʒynʒra*, *ʒynʒest* (§ 72 a) zu *ʒunʒ* (§ 30,2) 'jung'; *cininʒ*, *scildiʒ* für *cyninʒ* 'König', *scyldiʒ* 'schuldig'; *hiʒe*, *drīʒe*, *hičǯan*, *fliht*, *drihten* für *hyʒe* 'Sinn', *drȳʒe* 'trocken', *hyčǯan* 'denken', *flyht* 'Flucht', *dryhten* 'Herr'; vor *n*, *l* + Palatal: *þinčan*, *hinʒrian*, *filʒan* für *þynčan* 'dünken', *hynʒrian* 'hungern', *fylʒan* (neben *folʒian*) 'folgen'.

b) Das Spätndh. verwendet die Endsilbenvokale ziemlich unterschiedslos.[1] Im Spätws. war die Orthographie weitgehend geregelt (§ 17), so daß hier nur gelegentlich umgekehrte Schreibungen wie N. Pl. *-es* für *-as* oder G. Sg. *-as* für *-es* anzutreffen sind. Doch lassen auch sie erkennen, daß um die Wende des 10./11. Jhs. eine allgemeine Abschwächung der Endsilbenvokale zu *ə* eintrat.

III. Formenlehre.

Wie das ae. Lautsystem so ist auch der ae. Formenbau aus dem Idg. (Lat.) her leitbar. Doch sind hier die Verhältnisse wegen einschneidender Änderungen im Germ. verwickelter.

I. Substantiva.

52. Die im Lateinischen gut unterscheidbaren Deklina-

[1] R. Berndt, Form und Funktion des Verbums im nördlichen Spätaltenglischen, Halle 1956: „Die fortschreitende Verlagerung der Funktion des syntaktischen Beziehungsausdruckes von der Flexionsendung auf die neuen praepositiven analytischen Beziehungselemente führte sicherlich auch dazu, daß der exakten Artikulation der flexivischen Bestandteile nicht mehr die frühere Bedeutung zugemessen wurde. Damit ist jedoch nicht schon jetzt notwendigerweise die völlige Verwischung der alten qualitativen Unterschiede verbunden" (S. 164).

tionsklassen sind im Altenglischen auf Grund der Auslautgesetze stark verwischt worden, so daß es kaum mehr möglich ist, die Deklinationsklasse eines ae. Substantivs nach seinem N. Sg. allein zu bestimmen

An Stelle der Einteilung in fünf Deklinationsklassen des Lateinischen: 1. *mensa* f. (G. *mensae*) < *mensā*; 2. *servus* m., *bellum* n. (G. *servi*, *belli*) < *servos*, *bellom*; 3. *hostis* m., *turris* f., *mare* n. (G. *hostis* usw.) – *homō* m., *ōrātiō* f., *nōmen* n. (G. *hominis* usw.), *pater* m., *māter* f. (G. *patris* usw.), *genus* n. (G. *generis*), *dēns* m. (G. *dentis*), *pēs* m. (G. *pedis*), *nox* f. (G. *noctis*), *amāns* (G. *amantis*) usw.; 4. *frūctus* m., *domus* f., *cornū* n. (G. *frūctūs* usw.); 5. *rēs* f. (G. *rei*) tritt im Germanischen die Einteilung in die starke (vokalische) und die schwache (konsonantische) Deklination, indem die lateinische *ā*-, *o*-, *i*-, *u*- als germanische vokalische *ō*-, *a*-, *i*-, *u*-Deklination weiterlebt (idg. *ā*, *o* > germ. *ō*, *a*; s. § 21) und die konsonantischen Stämme der lateinischen 3. Deklination gesondert die germanische konsonantische Deklination ergeben. Die lateinische 5. (*e*-)Deklination hat für das Germanische keine Bedeutung.

Von den acht idg. Kasus (Nom. Gen. Dat. Akk. Vok. Abl. Instr. Lok.) sind im Ae. nur noch fünf (N. G. D. A. I.) erhalten, wobei in der Dativform Dativ, Instrumentalis und Lokativ zusammengefallen sind und der Vokativ gleich dem Nominativ ist.

A. Vokalische (starke) Deklination

1. Die *a*-Deklination (idg. *ŏ*).

53. Sie enthält nur Maskulina und Neutra (lat. *servos*, *bellom*).

---

[1]) Im Gegensatz zum lat. Paradigma gehört der Artikel im Ae., einer Sprache, die von der Flexion zur Analyse übergeht, zum Subst. wie das Personalpronomen zum Verbum (vgl. § 76a). Sie sind für die weitere Entwicklung des Formenbaues mitbestimmend. (W. Horn, Sprachkörper und Sprachfunktion, „Palaestra" Bd. 135, Leipzig 1923[2]): Ders., Neue Wege der Sprachforschung, in: „Die Neueren Sprachen", Beiheft 32, 1939.)

Mask.	kurz-	lang-	mehrsilbig
Sg. N.	*sĕ dæʒ*[1])	*stān*	*finʒer*
G.	*þæs dæʒes*	*stānes*	*finʒres* (§ 49)
D.	*þǣm* (*þām*)[1]) *dæʒe*	*stāne*	*finʒre*
A.	*þone dæʒ*	*stān*	*finʒer*
I.	*þȳ dæʒe*	*stāne*	*finʒre*
Pl. N.	*þā daʒas* (§ 26,1)	*stānas*	*finʒras*
G.	*þāra* (*þǣra*) *daʒa*	*stāna*	*finʒra*
D.	*þǣm* (*þām*) *daʒum*	*stānum*	*finʒrum*
A.	*þā daʒas*	*stānas*	*finʒras*

Ne. *day*, *stone*, *finger*.

Neutr.			
Sg. N. A.	*þæt lim*, *dæl*	*wīf*, *word*	*hę̄afod*
	(wie Mask.)	(wie Mask.)	*hę̆afdes* (wie Mask.)
Pl. N. A.	*þā limu*, *dalu*, *-o* (§ 48, 2, 3)	*wīf*, *word* (§ 48, 2, 3)	*hę̄af(o)du* (§ 48, 2)

Ne. *limb*, *dale*, *wife*, *word*, *head*.

54. Unterabteilungen bilden 1. die *ja-* und 2. die *wa-*Stämme:

1. Mask. *sečʒ* (§ 44, I b) 'Mann', *here* 'Heer' (G. *her(i)ʒes* usw.), *ende* (ne. *end*) < urg. **sagjaz* (lat. *socius* zu *sequi*), **harjaz*, **andiaz*. Nach kurzer Wurzelsilbe erscheint *j* + Vokal, nach langer *i* + Vokal (Sievers § 45,8). Das bei Wirkung der Auslautgesetze in den Auslaut tretende *j* fiel außer nach *r* (§ 25,3), während auslautendes silbisches *i* erhalten blieb und später zu *e* gesenkt wurde. Zuvor bewirkte *j* jedoch Gemination und wie *i* auch Umlaut.

Neutr. Sg. *bedd* (ne. *bed*), *rīče* 'Reich' < urg. **baðjan*, **rīkian*. — Pl. *bedd*, *rīč(i)u* (§ 44, I, Ende) < **baðjō*, **rīkiō*.

---

[1]) Die eingeklammerten Formen sind jünger.

2. Mask. *snāw*, selten *snā* (ne. *snow*), Neutr. *trēo(w)* (ne. *tree*) mit *w* aus den flekt. Formen (§ 33,4) < urg. **snaiwaz* (got. *snaiws*), **trewan* (got. *triu*); Neutr. *melu meolu* (G. *melwes*), vgl. § 45.

Die Flexion der *ja*- und *wa*-Stämme ist im übrigen dieselbe wie die der *a*-Stämme.

2. Die ō-Deklination (idg. ā).

55. Sie enthält nur Feminina (lat. mensā > urg. *-ō* > ae. *-u*; vgl. § 48,3).

		kurz-	lang-	mehrsilbig
Sg.	N.	*sīo sēo talu, -o*	*wund*	*sāwol*
	G.	*þǣre tale*	*wunde*	*sāwle* (§ 49)
	D.	*þǣre tale*	*wunde*	*sāwle*
	A.	*þā tale*	*wunde*	*sāwle*
Pl.	N.	*þā tala, -e*	*wunda, -e*	*sāwla, -e*
	G.	*þāra* (*þǣra*) *tala, -ena*	*wunda, -ena*	*sāwla*
	D.	*þǣm* (*þām*) *talum*	*wundum*	*sāwlum*
	A.	*þā tala, -e*	*wunda, -e*	*sāwla, -e*

Ne. *tale, wound, soul.*

56. Unterabteilungen bilden 1. die *jō*- und 2. die *wō*-Stämme:

1. *synn, bryčʒ* (§ 44, Ib) < urg. **sunjō*, **brugjō*. Das *j* bewirkt wieder Umlaut und Verdopplung des vorausgehenden Konsonanten, so daß die ursprünglich kurzen mit den ursprünglich langen Stämmen (etwa mit ae. *ʒ(i)erd, rest*; ne. *yard, rest*) zusammenfallen.

2. *sceadu* (§ 32,1), *mǣd* (§ 45), G. D. A. *sceadwe, mǣdwe* (ne. *shade, shadow — mead, meodow*) < urg. **skađwō*, **mǣđwō*.

Bis auf den G. Pl., der niemals die Endung *-ena* annimmt, stimmt ihre Flexion mit den reinen *ō*-Stämmen überein.

3. Die ĭ-Deklination (idg. ĭ).

57. Sie enthält Maskulina, Feminina und einige Neutra (lat. *hostis* m., *turris* f., *mare* n. < **mari*). Doch ist im Ae. schon meist Zusammenfall mit der *ă*- und *ō*-Deklination eingetreten.

	Mask. kurz-	lang-	Neutr. kurz-	Fem. langsilbig
Sg. N.	*sĕ stiče*	*ʒ(i)est* (§§ 30,1; 31,7)	*þæt spere*	*sīo, sēo dǣd*
G.	*þæs stičes*	*ʒ(i)estes*	– *speres*	*þǣre dǣde*
D.	*þǣm (þām) stiče*	*ʒ(i)este*	– *spere*	*þǣre dǣde*
A.	*þone stiče*	*ʒ(i)est*	*þæt spere*	*þā dǣd*
Pl. N.	*þā stiče, -as*	*ʒ(i)estas*	– *speru, -o*	– *dǣde, -a*
G.	*þāra (þǣra) stiča*	*ʒ(i)esta*	– *spera*	– *dǣda*
D.	*þǣm (þām) stičum*	*ʒ(i)estum*	– *sperum*	– *dǣdum*
A.	*þā stiče, -as*	*ʒ(i)estas*	– *speru, -o*	– *dǣde, -a*

Ne. *stitch, guest, spear, deed.* – Ae. *stiče, ʒ(i)est, dǣd, spere* < urg. **stikiz, *gastiz, *đǣđiz, *speri.*

1. Die langsilbigen Maskulina sind fast sämtlich in die *a*-Deklination übergetreten und nur noch am *i*-Umlaut der Stammsilbe erkennbar bis auf einige Pluralia tantum mit -*e* (< *i*) im N. A. Pl. (z. B. *līode lēode* 'Leute', *ielde ylde* 'Menschen') und Völkernamen (*Enʒle* 'Angeln', *Seaxe* 'Sachsen').

2. Die kurzsilbigen Feminina sind ganz, die langsilbigen bis auf den A. Sg. in die *ō*-Deklination übergetreten.

3. Die kurzsilbigen Neutra gehen bis auf den N. A. Sg. nach der *a*-Deklination.

4. Die ŭ-Deklination (idg. ŭ).

58. Sie enthält nur noch Maskulina und Feminina (lat. *frūctus* m., *domus* f., *cornū* n.). Auch hier ist ein großer Teil bereits in die *a*- oder *ō*-Deklination übergetreten.

Mask. kurz-	lang-	Fem. kurz-	langsilbig
Sg. N. *sē sunu, -o* (§ 48, 2)	*feld*	*sīo, sēo duru*	*hand* (§ 48, 2)
G. *þæs suna*	*felda, -es*	*þǣre dura*	*handa*
D. *þǣm* (*þām*) *suna*	*felda, -e*	*þǣre dura*	*handa*
A. *þone sunu, -o*	*feld*	*þā dura*	*hand*
Pl. N. *þā suna*	*felda, -as*	– *dura*	*handa*
G. *þāra* (*þǣra*) *suna*	*felda*	– *dura*	*handa*
D. *þǣm* (*þām*) *sunum*	*feldum*	– *durum*	*handum*
A. *þā suna*	*felda, -as*	– *dura*	*handa*

Ne. *son, field, door, hand.*

Analog zur *a*-Deklination gebildete Formen wie G. *feldes*, D. *felde*, N. A. Pl. *feldas* werden in spät-ae. Zeit immer häufiger. Neben G. D. Sg. *dura*, *nosa* (ne. *nose*) begegnen häufig die Formen *dure*, *nose* nach der *ō*-Deklination.

B. Konsonantische (schwache) Deklination

1. Die *n*-Deklination (idg. *n*).

59. Sie enthält Maskulina, Feminina und zwei Neutra (lat. *homō* m., *ōrātiō* f., *nōmen* n.; G. *hominis*, *ōrātiōnis*, *nōminis*).

	Mask.	kontr.	Neutr.
Sg. N.	*sē ȝuma* 'Mann'	*flēa* (§ 36,1)	*þæt ēaȝe*
G.	*þæs ȝuman*	*flēan*	– *ēaȝan*
D.	*þǣm* (*þām*) *ȝuman*	*flēan*	– *ēaȝan*
A.	*þone ȝuman*	*flēan*	*þæt ēaȝe*
Pl. N.	*þā ȝuman*	*flēan*	– *ēaȝan*
G.	*þāra* (*þǣra*) *ȝumena*	*flēana*	– *ēaȝena*
D.	*þǣm* (*þām*) *ȝumum*	*flēa(u)m*	– *ēaȝum*
A.	*þā ȝuman*	*flēan*	– *ēaȝan*

	Fem.		kontr.
Sg. N.	*sīo, sēo*	*tunȝe*	*bēo*
G.	*þǣre*	*tunȝan*	*bēon*
D.	*þǣre*	*tunȝan*	*bēon*
A.	*þā*	*tunȝan*	*bēon*
Pl. N.	*þā*	*tunȝan*	*bēon*
G.	*þāra* (*þǣra*)	*tunȝena*	*bēona*
D.	*þǣm* (*þām*)	*tunȝum*	*bēom*
A.	*þā*	*tunȝan*	*bēon*

Ne. *bridegroom* < ae. *brȳdȝuma* (angelehnt an *groom*), *flea, eye, tongue, bee.*

1. Die Deklination der drei Geschlechter unterscheidet sich nur im N. Sg. (A. Sg. Neutr.).

2. Die meisten kurzsilbigen Feminina gehen in Analogie zur ō-Deklination (*talu*) schon früh-ae. im N. Sg. auf *-u* statt *-e* aus (z. B. *spadu, þrotu, wicu wucu* neben *spade, þrote, wice wuce*; ne. *spade, throat, week*).

3. Wie *ęaȝe* flektiert nur noch *ęare* (ne. *ear*).

4. Neben den konkreten Feminina auf *-ōn* (got. N. *tuggō*, G. *tuggōns* usw.; *gg* = *ng*) stehen im Germ. die abstrakten Feminina auf *-īn* (got. N. *managei*, G. *manageins* usw.; *ei* = *ī*).

Ae. *brǣdu* 'Breite', *hǣlu* 'Heil', *hǣtu* 'Hitze', ws. *ieldu yldo*, angl. *ældu* 'Alter', *menȝu meniȝ(e)o* 'Menge', *strenȝu* 'Kraft' zu ae. *brād, hāl, hāt, (e)ald, maniȝ moniȝ, stranȝ stronȝ* (ne. *broad, whole, hot, old, many, strong*).

Im Ae. ist diese Klasse in die ō-Dekl. (§ 55) übergegangen. Häufig drang das N. *-u, -o* auch in die flekt. Formen ein. Der germ. Ausgang *-ī(n)* > *i(n)* hat im Ae. Umlaut des Stammvokals nach § 31 und Palatalisierung vorausgehender Velare nach § 44 bewirkt.

2. Die *r*-Deklination (idg. *r*).

60. Sie enthält die Verwandtschaftsnamen (lat. *pater, frāter, māter, soror*, gr. *thygátēr*; G. *patris, frātris* usw.).

	Maskulinum		Femininum		
Sg. N.	*sē fæder*	*brōþor*	*sēo mōdor*	*dohtor*	*sweostor*
G.	*þæs fæder, -eres*	*brōþor*	*þǣre mōdor*	*dohtor*	*sweostor*
D.	*þǣm fæder*	*brēþer*	*þǣre mēder*	*dehter*	*sweostor*
A.	*þone fæder*	*brōþor*	*þā mōdor*	*dohtor*	*sweostor*
Pl. N.	*þā fæderas*	*brōþor, -þru*	– *mōdor, -dru, -dra*	*dohtor* etc.	*sweostor*
G.	*þāra fædera*	*brōþra*	– *mōdra*	*dohtra*	*sweostra*
D.	*þǣm fæderum*	*brōþrum*	– *mōdrum*	*dohtrum*	*sweostrum*
A.	*þā fæderas*	*brōþor, -þru*	– *mōdor, -dru, -dra*	*dohtor* etc.	*sweostor*

Ne. *father*, *brother*, *mother*, *daughter*, *sister* (< aisl. *systir*).

1. Die Formen G. Sg. *fæderes*, N. A. Pl. *fæderas* sind nach der *a*-Deklination, N. A. Pl. *mōdra*, *dohtra* nach der *ō*-Deklination umgebildet, da sie wenig im Pl. gebraucht wurden.

2. D. *brēþer*, *mēder* < urg. **brōþri*, **mōđri*; zu *dehter* s. § 31, 3; angl. auch D. *feder* < urg. **fađri*.

3. Die Form N. A. Pl. *brōþru* neben *brōþor* stammt aus dem kollektiven Neutrum *ʒebrōþor* 'das Gebrüder' (so noch bei Lessing), dessen pluralische Bedeutung die pluralische (n.) Form nach sich zog: (*ʒe*)*brōþru* 'die Gebrüder'. So auch *ʒesweostor* 'das Geschwister' (d. h. die Schwestern) und (*ʒe*)*sweostru* 'die Geschwister'; ferner (*ʒe*)*sweostra* 'die Schwestern' nach der *ō*-Deklination. Nach *brōþru*, *sweostru* wurden die Formen *mōdru* und *dohtru* analog gebildet, wobei auch der Einfluß von *calfru*, *lambru* usw. mitgewirkt haben mag (§ 61).

3. Die s-Deklination (idg. s).

61. Sie enthält nur einige restliche Neutra (lat. *genus*, G. *generis* < **geneses*, Pl. *genera*).

Sg.	N.	*þæt lamb*	*čīld*	*c(e)alf*
	G.	*þæs lambes*	*čīldes*	*c(e)alfes*
	D.	*þǣm (þām) lambe*	*čīlde*	*c(e)alfe*
	A.	*þæt lamb*	*čīld*	*c(e)alf*
	I.	*þȳ lambe*	*čīlde*	*c(e)alfe*
Pl.	N.	*þā lambru*	*čīld, čildru*	*c(e)alfru*
	G.	*þāra (þǣra) lambra*	*čildra*	*c(e)alfra*
	D.	*þǣm (þām) lambrum*	*čildrum*	*c(e)alfrum*
	A.	*þā lambru*	*čīld, čildru*	*c(e)alfru*

Ne. *lamb*, *child*, *calf*.

1. Neben *lamb* besteht die Form *lombor*, wo *r* wie in den Formen *dōʒor* 'Tag' (G. *dōʒores*, D. *dōʒ(o)re* und *dōʒor*), *wildor* 'Wild' usw. (Pl. *dōʒor*, *wildru*) auch im Sg. auftritt.

2. G. D. Sg. ist analog zur *a*-Deklination gebildet wie auch der Pl. *čīld*.

4. Die übrigen Reste konsonantischer Deklination.

62. Hierunter finden sich Maskulina, Feminina und zwei Neutra (lat. *pēs* m., *nox* f., G. *pedis*, *noctis*).

		Mask.	Neutr.	Fem. kurz-		langsilbig	
Sg.	N.	*sĕ fōt*	*þæt scrūd*	*ealu*	*sīo, sēo*	*hnutu*	*mūs*
	G.	*þæs fōtes*	– *scrūdes*	*ealoþ*	*þǣre*	*hnute*	*mūse*
	D.	*þǣm (þām) fēt*	– *scrȳd*	*ealoþ*	*þǣre*	*hnyte*	*mȳs*
	A.	*þone fōt*	*þæt scrūd*	*ealu*	*þā*	*hnutu*	*mūs*
	I.	*þȳ fōte, fēt*					
Pl.	N.	*þā fēt*	– *scrūd*	–	–	*hnyte*	*mȳs*
	G.	*þāra (þǣra) fōta*	– *scrūda*	*ealeþa*	–	*hnuta*	*mūsa*
	D.	*þǣm (þām) fōtum*	– *scrūdum*	–	–	*hnutum*	*mūsum*
	A.	*þā fēt*	– *scrūd*	–	–	*hnyte*	*mȳs*

Ne. *foot – feet, shroud, ale, nut, mouse – mice.*

1. Der umgelautete D. *fēt, hnyte, mȳs* < urg. **fōti, *χnuti, *mūsi*; der gleichlautende Pl. < urg. **fōtiz, *χnutiz, *mūsiz.*

2. G. *fōtes, scrūdes*, I. *fōte* nach der *a*-Deklination, nichtumgelautete G. *hnute, mūse* nach der *ō*-Deklination (doch G. Sg. *bēč* neben späterem *bōce*), N. A. Pl. *scrūd* nach *wīf* (§ 53).

5. Substantivierte Participia Praesentis.

63. Es sind in der Regel Maskulina (lat. *amāns* < **amānts*, G. *amantis*, zu Inf. *amāre*).

		Ein-	Zweisilbig
Sg.	N.	*sē f(r)ẹ̄ond* (§ 36, 2)	*āʒend* (zu Inf. *āʒan*)
	G.	*þæs f(r)ēondes*	*āʒendes*
	D.	*þǣm (þām) f(r)īend, f(r)ēonde*	*āʒende*
	A.	*þone f(r)ēond*	*āʒend*
	I.	*þȳ f(r)ēonde*	*āʒende*
Pl.	N.	*þā f(r)īend, f(r)ēond, -as* (§ 31, 8)	*āʒend, -e, -as*
	G.	*þāra (þǣra) f(r)ēonda*	*āʒendra*
	D.	*þǣm (þām) f(r)ēondum*	*āʒendum*
	A.	*þā f(r)īend, f(r)ēond, -as*	*āʒend, -e, -as*

Ne. *f(r)iend, owner.*

1. G. D. (*f(r)ēonde*), I., N. A. Pl. (auf *-as*) nach der *a*-Deklination.

2. Die zweisilbigen richten sich im N. Pl. auf *-e*, G. auf *-ra* nach der Deklination der st. Adjektiva.

3. Die echten Part. Präs. gehen ae. nach der *ja*-Deklination.

II. Pronomina.

1. Personalpronomen.

64.	1. Ps.	2. Ps.	3. Ps. m.	n.	f.
Sg. N.	*ič*	*þū̆*	*hē̆*	*hit*	*hīo, hēo*
G.	*mīn*	*þīn*	*his*	*his*	*hi(e)re*
D.	*mē̆* (§ 51,4)	*þē̆*	*him*	*him*	*hi(e)re*
A.	*mē̆* (*mec*)	*þē̆* (*þec*)	*hi(e)ne*	*hit*	*hī(e)*
Pl. N.	*wē̆*	*ʒē̆*	*hīe, hī̆*		
G.	*ūre, ūser*	*īower, ēower*	*hi(e)ra, hiora, heora* (§ 32, 3)		
D.	*ū̆s*	*īow, ēow*	*him*		
A.	*ū̆s* (*ūsič*)	*īow, ēow* (*ēowič*)	*hīe, hī̆*		

Dual.		
N.	*wit* < **wi-twō*[1])	*ʒit*
G.	*uncer*	*incer*
D.	*unc*	*inc*
A.	*unc(it)*	*inc(it)*

Ne. (Sg.1. Ps.:) *I, mine, me* – (2. Ps.:) *thou, thine, thee* – (3. Ps.:) *he, his, him*; *it*; *she, her, her* – (Pl. 1. Ps.:) *we, our, us* – (2. Ps.:) *ye, your, you* – (3. Ps.:) –.

1. Im Spätws. treten folgende Formen mit *y* auf: *hyre, hȳ, hyra* für *hi(e)re, hī(e), hi(e)ra*, zu denen später weitere treten (§ 51, 5a).

2. Das Anglische weist viele Sonderbildungen auf.

Merc. *mic, þæc, wæ, ūr*; Sg. *heom, hinae*, f. G. *hirae*, A. *hīo hēo hīae*, Pl. *hīae hīo hēo hȳ(e), heara, heom*; – ndh. *ih, meh, þeh, ūsih* usw., *woe wæ, ūsra ūsiʒra, ūsiʒ, ʒi ʒīe ʒ(i)æ ʒee, īwer iurre īuerra īowera iowre, ioh īuh īuih īowih*; Sg. f. *hīu hīa*, G. *hirae*, G. D. *hir*, A. *hīa hīae hēa*, Pl. *hīa hēa hīae, hiara heara*.

Anmerkung: Das im Ae. (wie Afr. und As.) verlorengegangene Reflexivpronomen (got. *seina, sis, sik*) wird

[1]) Horn, Sprachkörper § 51.

durch die entsprechenden Formen des Personalpronomens der 3. Ps. ersetzt.

2. Possessivpronomen.

65. Es wird vom G. der Personalia gebildet und wie das st. Adj. flektiert; doch tritt an Stelle des G. 3. Sg. *his*, *hi(e)re*, Pl. *hi(e)ra* oft auch für alle Genera und Numeri das reflexive *sīn*, das in der Poesie fast ausschließlich steht (vgl. lat. *ēius* : *suus*).

1. *Mīn* 'mein', *þīn* 'dein', *sīn* 'sein' (*his* 'sein', *hire* 'ihr', Pl. *hi(e)ra* 'ihr'), *ūre ūser* 'unser', *ēower*, ndh. *īower* 'euer', *uncer* 'unser beider', *incer* 'euer beider'.

2. Ws. *ūre* wird wie *ȝrēne* (§ 70, 1) flektiert (doch G. D. Sg. f. *ūr(r)e*, G. Pl. *ūr(r)a*); poet. *ūser* hat im G. *ūsses*, D. *ūssum* usw. (aber: A. *ūserne*) < **ūs(e)res*, **ūs(e)rum* nach Ausfall des Mittelvokals (§ 49) gewöhnlich Assimilation von *sr* > *ss* (§ 43), jedoch nicht im Ndh. (*ūsra*, *ūsera* usw. neben *r*-losen N. *ūsa*, G. *ūses*, D. *ūsum* usw.). Doppel-*s* dringt auch in die nicht synkopierten Kasus ein (*ūsser*, *ūsserne*, *ūsserra*).

3. Demonstrativpronomen.

66. a) Das einfache *sĕ̄* m., *sīo*, *sēo* f., *þæt* n. in der meist abgeschwächten Bedeutung des bestimmten Artikels (s. beim Subst.).

1. Im Spätws. finden sich auch die Formen G. *þas*, *þāre þǣra*, A. *þæne þane*; *þān* (< *þām*, vgl. § 51, 2); sehr spät *þĕ*, *þēo* für *sĕ*, *sēo*.

2. Im Kent. stehen neben den *ǣ̆*- die *ē̆*-Formen (§ 26, 1, 2): *þet*, *þes*, *þēre*, *þēm*; wie oben auch *þas*, *þāre*, *þane*; ferner I. *þan*, G. Pl. *þeara*.

3. Im Anglischen herrscht wieder Buntheit. Es erscheinen folgende Sonderbildungen: merc. N. *þĕ*, *sie sīo sīu*, *þet*; G. *þes þas*, *þere þāre -a*; D. *þere þāra*; A. *þane þæne þene*; Pl. G. *þeara þārae þǣrae*; – ndh. N. m. *sæ þæ þĕ*, f. *sīo þīo þīu þȳ*; G. f. *þǣr þǣra -æ þāra þāre*; D. m. n. *þǣm þēm*, f. *þǣr þer*; A. m. *þon(ne) þæne þene*, f. *þæ þīo þīu þȳ*.

4. Der I. *þȳ* und *þon* (*þan*) ist in allen Dialekten gleich. Die letztere Form wird wie *hwon* (§ 68, 1) meist in adv. Formeln wie *for þon* 'deshalb, weil', *æfter þon* 'danach', *ǣr þon* 'bevor'

und beim Komp. *þon mā* 'noch mehr' (vgl. Beow. V. 503f.) gebraucht.

b) Das zusammengesetzte, das aus einfachem Demonstrativ + Partikel got. *sai* 'siehe, lat. *ecce*' > ae. *-s* besteht.

	m.	n.	f.	
Sg. N.	*þēs*	*þis*	*þīos, þēos*	Pl. *þās*
G.	*þis(s)es*	–	*þisse*	*þissa*
D.	*þis(s)um, þios(s)um* (§ 32, 3)	–	*þisse*	*þis(s)um, þios(s)um*
A.	*þisne*	*þis*	*þās*	*þās*
I.	*þȳs, þīs*			

Ne. *this, these, those.* – Ae. f. *þisse*, Pl. *þissa* < **þisre*, **þisra* (§ 43). G. *þisses* ist doppelt flektiert, danach D. *þissum*, A. *þisne*.

1. Im Frühws. erscheinen daneben noch folgende Formen mit *y*: *þys(s)es, þys(s)um, þysne*, zu denen im Spätws. weitere treten (§ 51, 5a).

2. Das Anglische hat viele Sonderbildungen.

Merc. m. A. *þeosne*, Pl. D. *þeossum*; – ndh. m. *þæs, þæsses, þassum, þiosne*, I. *þisse*, f. G. *þisser þasse*, D. *þisser þæsser þasser*, A. *þīos þasse*, Pl. G. *þisra þassa*, D. *þassum*.

4. Relativpronomen.

67. Es tritt ae. in dreifacher Form auf: 1. als Demonstrativ *sē, sēo, þæt*, 2. als *sē, sēo, þæt* + *þe*, 3. als das flexionslose *þe* allein (s. Horn, Sprachkörper § 64ff.).

5. Interrogativpronomen.

68. Es besteht im Wg. nur das Mask. und Neutr. Sg.

	m. f.	n.
N.	*hwā*	*hwæt* (lat. *quod*)
G.	*hwæs*	–
D.	*hwǣm* (*hwām*)	–
A.	*hwone* (*hwæne*)	*hwæt*
I.	–	*hwȳ, hwī*

Ne. *who*, *whom*, *what*, *why*.

1. Ein weiterer I. ist *hwon* (*hwan*) in adv. Formeln (*tō hwon* 'wozu', *for hwon* 'warum') und *hū* 'wie' (ne. *how*) in rein adv. Bedeutung.

2. Wie *hwā* werden *ȝe-hwā* 'jeder' und *ǣȝ-hwā* (< **ā* 'immer' + *ȝihwā*, ahd. *ēo-gihwer*) 'jeder' flektiert (G. *ȝehwæs*, D. *ȝehwǣm* usw., auch f.), später daneben f. *ȝehwǣre*, *ȝehwāre*.

3. *hwæt* + *G.* = 'was für ein' (*hwæt manna* G. Pl.).

4. Nach der st. Adj.-Deklination gehen *hwæþer hweþer* (got. *hwaþar*: ahd. *hwedar*) 'welcher von beiden' (ne. *whether*) und *hwelč hwilč hwylč* (§ 44, I c) 'welcher'.

6. Indefinitpronomen.

68a. Es wird meist durch Zusammensetzung gebildet und in der Regel wie das st. Adj. flektiert.

Ae. (*e*)*all* (§ 29, 1 c) 'alles' (ne. *all*); *sum* 'irgendein' (ne. *some*); *ǣniȝ* '(irgend)ein' (ne. *any*) zu *ān* (s. Horn, 'Archiv' 142, S. 128f.); *nǣniȝ*, *nān* (< **ne* + *ǣniȝ*, *ān*) 'kein' (ne. *none*); *swelč swilč swylč* (§ 44, I c) 'solcher' (ne. *such*); (*n*)*ā-wuht* (*n*)*ōwuht*, (*n*)*āwiht* (*n*)*ōwiht*, (*n*)*auht* (*n*)*āht* (*n*)*ōht* 'nicht(s)', 'etwas' (ne. (*n*)*aught*, *nought*, *not*), s. Horn, Sprachkörper §§ 63, 86 und „Palaestra" Bd. 147, S. 1 ff.; *ȝehwilč* usw. (§ 44, I c), *ǣȝhwilč* (< **ā*[1]) 'immer' + *ȝihwilč*), *ǣlč* (< **ǣ*(*ȝihwi*)*lč* gekürzt) 'jeder' (ne. *each*); *ȝehwæþer*, *ǣȝhwæþer* kollektiv (< **ā* + *ȝihwæþer*), *ǣȝþer* (< *ǣȝ*(*hwæ*)*þer* gekürzt) 'jeder von beiden' (ne. *either*); (*n*)*ā*- (*n*)*ōhwæþer* distributiv, (*n*)*āwþer* (*n*)*ōwþer*, (*n*)*auþer* (*n*)*āþer* 'keiner von beiden', 'irgendeiner (von beiden)' (me. *outher*, ne. –); *nāthwā* (§ 68), *nāthwelč* (§ 68, 4) < **ne wāt* = 'ich weiß nicht wer, welcher' = 'irgendein'; *āhwā*, *āhwelč*, *āhwæt* usw. 'irgendwer', 'irgendwas'; *swā hwæþer* (*hwā*, *hwelč* usw.) *swā*, mit Kontraktion *swæþer swaþer* 'wer auch immer' (s. Horn, Sprachkörper § 60); *lōc*(*a*)*hwā*, *lōc*(*a*)*hwæt* usw. 'wer, was auch immer' (me. *looke who* usw., ne. dial. *choose-who*, *-what* usw.), s. Horn, Sprachkörper § 61 und Lotspeich, JEGPh. 37, S. 1; *hwelč-*, *hwæth*(*w*)*uȝu* unflekt. 'irgend welcher', 'irgend etwas' (s. Horn, Sprachkörper S. 82).

---

[1]) Das verstärkende ae. *ā*, das got. *aiw* 'immer' entspricht, wurde durch das folgende *i* von *ȝi-* zu *ǣ* umgelautet (§ 31, 2).

III. Adjektiva.

69. Im Indogermanischen (Griech., Lat.) wurden die Adjektiva wie die Substantiva dekliniert, es gab also auch bei ihnen eine vokalische und eine konsonantische Deklination. Im Germ. lebt nur die erstere fort, im Wg. (Ae.) schließlich nur noch deren *a*-Deklination (lat. *bonus*, *bonum* < *bonos*, *bonom*) und *ō*-Deklination (lat. *bona* < *bonā*) neben einigen Resten von *i*- (lat. *dulcis*) und *u*-Stämmen (angl. *cwic(u)*, ws. *cwucu*, *cucu*, zu lat. *vīvus*, ne. *quick*). Das Germ. hat im Formenbau des Adj. gegenüber dem Idg. zwei Neuerungen durchgeführt: 1. Die Unterscheidung in die 'starke' und die 'schwache' (*n*-)Deklination. — Das schwach deklinierte Adj. steht im Ae. (wie im Nhd.) besonders in Verbindung mit dem bestimmten Artikel sowie dem Demonstrativ- und Possessivpronomen; auch das substantivierte Adj. geht nach der *n*-Deklination. 2. Den Wechsel von pronominaler und nominaler Flexion beim st. Adj. — Schon im Lat. nahmen gewisse Adjektive, die den Pronomen nahestanden, deren G.- und D.-Endung an (vgl. *ūnus*, *sōlus*, *tōtus*, *ullus* usw., G. *ūnīus*, *sōlīus*, D. *ūnī*, *sōlī* nach *illīus*, *illī* usw.).

1. Starke (*a*-, *ō*-)Deklination.

70. Die Pronominalendungen sind fett gedruckt.

		m.	n.	f.
Sg.	N.	*ʒōd cyninʒ*	*ʒlæd wīf*	*hāliʒu, -o bōc*
	G.	*ʒōdes cyninʒes* (§ 49)	*ʒlades* (§ 26,1) *wīfes*	*hāliʒ***re** *bę̄č, bōce* (§ 62, 2)
	D.	*ʒōd***um** *cyninʒe*	*ʒlad***um** *wīfe*	*hāliʒ***re** *bēč*
	A.	*ʒōd***ne** *cyninʒ*	*ʒlæd wīf*	*hālʒe* (§ 49) *bōc*
	I.	*ʒōde cyninʒe*	*ʒlade wīfe*	—
Pl.	N.	*ʒōd***e** *cyninʒas*	*ʒladu,-o wīf*	*hālʒa,-e bēč*
	G.	*ʒōd***ra** *cyninʒa*	*ʒlæd***ra** *wīfa*	*hāliʒ***ra** *bōca*
	D.	*ʒōdum cyninʒum*	*ʒladum wīfum*	*hālʒum bōcum*
	A.	*ʒōd***e** *cyninʒas*	*ʒladu,-o wīf*	*hālʒa,-e bēč*

Ne. *good king*, *glad wife*, *holy book*.

Wie beim Subst. gibt es auch beim Adj. 1. *ja-*, *jō-* und 2. *wa-*, *wō*-Stämme.

1. Die ursprünglich kurzsilbigen flektieren wie die langsilbigen *a*-Stämme (*ȝōd*), z. B. *mid(d)* (ne. *mid*) < urg. **miđjaz* (lat. *medius*). – Die langsilbigen unterscheiden sich von diesen durch die Endung *-e* im N. Sg. m. und N. A. Sg. n. (z. B. urg. Sg. m. **grōniaz* [vgl. § 54, 1], n. **grōnian* > ae. *ȝrēne*, ne. *green*) und gehen im N. A. Pl. n. und N. Sg. f. auf *-u* aus (urg. **grōniō* > **grōniu* > ae. *ȝrēnu*, *-o*).

So flektieren auch alle Participia Praesentis, etwa *ȝifende* (ne. *giving*), doch sind sie bei prädikativem Gebrauch oft unflektiert (Beow. V. 372: *Ic hine cūðe cnihtwesende* für *-wesendne*).

2. Bei den *wa-*, *wō*-Stämmen wechselt *w* mit *u*, und zwar wird *w* im Auslaut nach Konsonant zu *-u*, später *-o* (§ 45), vor konsonantischer Endung zu *-o*.

		m.	n.	f.
Sg.	N.	*ȝeolu*, *-o* (§ 32, 2)	*ȝeolu*, *-o*	*ȝeolu*, *-o*
	G.	*ȝeolwes*	*ȝeolwes*	*ȝeolore*
	D.	*ȝeolwum*	*ȝeolwum*	*ȝeolore*
	A.	*ȝeolone*	*ȝeolu*, *-o*	*ȝeolwe*
	I.	*ȝeolwe*	*ȝeolwe*	–
Pl.	N.	*ȝeolwe*	*ȝeolu*, *-o*	*ȝeolwa*, *-e*
	G.	*ȝeolora*	*ȝeolora*	*ȝeolora*
	D.	*ȝeolwum*	*ȝeolwum*	*ȝeolwum*
	A.	*ȝeolwe*	*ȝeolu*, *-o*	*ȝeolwa*, *-e*

Ne. *yellow*. – Urg. m. **gelwaz*, n. **gelwan* > ae. *ȝeolu*, ahd. *gelo*, G. *gelwes* (§ 44, Ia).

2. Schwache (*n*-)Deklination.

71.

	m.	n.
Sg. N.	*sē 3ōda (eorl)*	*mīn 3ōde hors*
G.	*þæs 3ōdan (eorles)*	*mīnes 3ōdan horses*
D.	*þǣm (þām) 3ōdan (eorle)*	*mīnum 3ōdan horse*
A.	*þone 3ōdan (eorl)*	*mīn 3ōde hors*
Pl. N.	*þā 3ōdan (eorlas)*	*mīn 3ōdan hors*
G.	*þāra (þǣra) 3ōdra, -ena (eorla)*	*mīnra 3ōdra, -ena horsa*
D.	*þǣm (þām) 3ōdum (eorlum)*	*mīnum 3ōdum horsum*
A.	*þā 3ōdan (eorlas)*	*mīn 3ōdan hors*

	f.
Sg. N.	*þīos, þēos 3ōde æx*
G.	*þisse 3ōdan æxe*
D.	*þisse 3ōdan æxe*
A.	*þās 3ōdan æxe*
Pl. N.	*þās 3ōdan æxa, -e*
G.	*þissa 3ōdra æxa*
D.	*þis(s)um 3ōdum æxum*
A.	*þās 3ōdan æxa, -e*

Ne. *the good earl, my good horse, this good axe.* – Das schwache Adj. flektiert wie das schwache Subst. (§ 59), nur hat der G. Pl. gewöhnlich die Endung *-ra* des st. Adj. Die Participia Praeteriti flektieren stark und schwach wie gewöhnliche Adjektiva (Beowulf Vers 205: *Hæfde sē 3ōda cempan 3ecorone*), doch sind sie in prädikativer Verwendung meist schon endungslos (Beow. V. 3139: *Him ðā 3e3iredan .. ād .. unwāclīcne, helm(um) behon3en*).

3. Steigerung.

72. a) Die aus dem Idg. ererbte Steigerung des Urg. auf *-izan-* im Komp. und *-ista(n)-* im Sup. (vgl. Lat.) lebt im

Ae. nur noch in wenigen Adjektiven in der Endung *-ra* und *-est* fort unter Bewirkung von Umlaut der Stammsilbe, z.B. ws. *eald*, *ieldra*, *ieldest* (§ 31, 7); *lanȝ*, *lenȝra*, *lenȝest*; *stranȝ*, *strenȝra*, *strenȝest*; ws. *hę̄ah* (§ 35), *hīehra hīerra* (§ 43) (neben *hę̄ahra hę̄arra*), *hīehst* (got. *hauhs*, *hauhiza*, *hauhists*); ne. *old*, *long*, *strong*, *high*.

b) Die im Germ. neugebildete Steigerung auf *-ōzan-* und *-ōsta(n)* (urg. **armaz*, **armōzan-*, **armōsta(n)-*) hat die im Ae. übliche auf *-ra* und *-ost* (auch *-ast*, *-ust* nach § 51, 3[3]) ergeben: *earm* 'arm', *earmra*, *earmost*; *ȝlæd*, *ȝlædra*, *ȝladost* (§ 26, 1); *hāliȝ*, *hāliȝra*, *hāliȝost*; *fæȝer*, *fæȝerra*, *fæȝerost* usw. (ne. *glad*, *holy*, *fair*). Komp. und Sup. flektieren nach der *n*-Deklination, doch steht neben dem Sup. *earmosta* auch der stark deklinierte N. A. Sg. n. *earmost*.

c) Unregelmäßige (suppletive) Steigerung haben (wie lat. *bonus*, *melior*, *optimus*):

ȝōd	*bet(e)ra*	*bettra* (§ 41)	*bet(e)st(a)*
	sēlra	*sēlla* (§ 43)	*sēlest(a)*
yfel		*wyrsa*	*wyrrest(a) wyrsta*
mičel		*māra*	*mǣst(a)*, ndh. *māst(a)*
lȳtel		*lǣssa*	*lǣst(a)*, ndh. *lǣsest(a)*.

Ne. *good, better, best; evil, worse, worst; much, more, most; little, less, least.*

4. Bildung von Adverbien.

73. a) Die gewöhnliche Bildung von Adverbien aus Adjektiven geschieht ae. durch Anhängung des Suffixes *-e*, ursprünglich *-æ* (lat. *doctē* : *doctus*): *wīd* — *wīde*; *nearu*, *-o* — *nearwe*; *frēondlīč* — *frēondlīče* (ne. *widely*, *narrowly*, *friendly*). Das Suffix *-liče* tritt dann auch an Adjektiva, die ursprünglich nicht auf *-līč* enden: *hearde* Adv. — *heardlīče* (ne. Adv. *hard, hardly*); *eornost* Adv. — *eornostlīče* (ne. Adj. *earnest*, Adv. *earnestly*) und greift im Laufe des Ae. immer weiter um sich.

Der Komp. und Sup. der Adverbia auf *-e* wird durch endungslose Formen auf *-or* und *-ost* gebildet: *wīde* (ne. *widely*) – *wīdor* – *wīdost*.

b) Das Adv. zu *ȝōd* ist *wel*, Komp. *bet* < urg. **batiz* (vgl. lat. *magis*); Adv. zu Komp. *sēlra, wyrsa, māra, lǣssa* ist *sēl, wyrs, mā mǣ, lǣs*.

c) Einige Adverbia haben das Suffix *-a* (lat. *rārō*: *rārus*): *sōna* (ne. *soon*), *tela* 'geziemend', *sinȝala* 'immer'.

d) Auch Kasusformen von Adjektiven und Substantiven dienen häufig als Adverbia: A. *ȝenōȝ* (ne. *enough*), *full* 'voll, sehr', *ealne weȝ* (ne. *always*); G. *sinȝales*, *(e)alles* 'ganz, durchaus', *n-(e)alles* 'durchaus nicht', *micles* 'sehr' (zu *mičel* 'groß'), *dæȝes* 'tags', danach *nihtes* 'nachts'; G. Pl. *i̯āra*, ws. *ȝ(e)āra* 'einst' (ne. *of yore*), D. Pl. *hwīlum* (ne. *whilom*).

IV. Zahlwörter.

74. a) Die Kardinalzahlen lauten: 1 *ān*; 2 *twēȝen* m., *tū twā* n., *twā* f.; 3 *þrī(e)* m., *þrīo þrēo* n. f.; 4 *fēower*; 5 *fīf*; 6 ws. *si(e)x*, angl. *sex*; 7 *siofon seofon*; 8 *e(a)hta* (§ 35,2), *æhta* (§ 35,1); 9 *niȝon*; 10 ws. *tīen tȳn*, angl. *tēn*; 11 *en(d)-le(o)fan ellefan*; 12 *twelf*; 13 *þrēotȳne þrītēne* usw.; 20 *twēntiȝ*; 21 *ān and twēntiȝ* usw.; 30 *þrītiȝ* usw.; 70 *(hund)seofontiȝ* usw.; 100 *hun(d)tēontiȝ* neben *hund* (§ 21,5), *hundred* n. (wörtlich 'Hundertzahl'; *-red* zu got. *raþjō*, lat. *ratiō*); 110 *hundendle(o)f(an)tiȝ*; 120 *hundtwelftiȝ*, daneben später *hundtwentiȝ* (idg. Dezimal- + babylon. Duodezimalsystem[1]); 130 *hund and þrītiȝ* usw.; 200 *tū hund* usw.; 1000 *þūsend* n.

1. Wie schon idg. und urg. werden die Zahlen 1—3 im

[1]) H. Hirt, Indogermanica, Halle 1940, S. 249—259.

Ae. dreigeschlechtig dekliniert: 1 *ān* geht wie st. *ȝōd* (§ 70) bis auf A. *ǣnne*, I. *ǣne*; 2 G. *twēȝ(e)a twēȝra*, D. *twǣm twām*; 3 G. *þrīora þrēora*, D. *þrim*.

2. Die Zahlen 4–19 bleiben in attributiver Stellung gewöhnlich unflektiert, alleinstehend oder nach dem Subst. flektieren sie nach der *i*-Deklination (§ 57): Beowulf Vers 545: *fīf nihta fyrst*; Vers 420: *ič fīfe ȝeband*; Vers 575: *ič... ofslōh niceras niȝene*.

3. Die Zehner auf *-tiȝ* (= got. *tigus* 'Dekade, Zehner') können substantivisch (mit dem G. verbunden) und adjektivisch gebraucht werden, subst. G. *-tiȝes*, adj. G. *-tiȝra -tiȝa*, D. *-tiȝum* oder unflektiert.

4. Die subst. *hund* n. und *þūsend* n. sind meist indeklinabel (mit folgendem G.).

b) Die Ordinalzahlen sind: 1. *forma formest(a)*, *ǣrest(a)* (sw. dekl.); 2. *ōþer* (st. Adj.), *æfterra* (Komp. zu *æfter*). – Die übrigen werden aus den Kardinalzahlen gebildet und wie schwache Adjektiva flektiert: 3. *þridda*, 4. *fēo(we)rþa* (ae. *-þa* > ne. *-th* = lat. *-tus*, gr. *-tos*), 5. *fīfta*, 6. *si(e)xta sexta*, 7. ws. *sio-*, *seofoþa*, angl. *siofunda*, 8. *eahtoþa*, *-eþa*, *æht-*, 9. *niȝoþa*, *-eþa*, 10. ws. *tēoþa*, angl. *te(o)ȝ(e)þa*, 13. *þrēotēoþa*, *-te(o)ȝ(e)þa*, 20. *twentiȝ(o)þa* usw.

V. Verba.

75. Die starken (ablautenden) Verben.

Der aus dem Idg. ererbte „Ablaut", ein von Jacob Grimm geprägter Ausdruck, stellt einen regelmäßigen Wechsel bestimmter Vokale in etymologisch zusammengehörigen Wortteilen dar. Er hat im Germ. die Funktion übernommen, auf dem Gebiet der Wort- und Formenbildung verschiedene Bedeutungen klarer zum Ausdruck zu bringen. Der Ablaut ist also keineswegs nur auf das st. Verbum beschränkt, wenn er hier auch am deutlichsten in Erscheinung tritt.

Nhd. *binde, Binde — band, Band — ge-bunden, Bund; bimbambum, stripstrapstrull*; ahd. *beran* 'tragen' — *barn* 'Kind' — *gi-burt* 'Geburt'; ae. *beran* — *bearn* nach § 29, 1b — *ʒe-byrd* nach § 31, 5.

Er wirkt sowohl in Wurzel- als auch in Ableitungssilben (Suffixablaut).

Gr. *λύκε* : *λύκος*, got. G. Sg. *wulfis* : D. Pl. *wulfam*; ae. *cyninʒ* : aisl. *konungr*.

Hervorgerufen wurde der Ablaut durch den Akzent. Der musikalische Akzent ("Ton") hat im Prät. Sg. des st. Verbums die Abtönung von idg. *e* zu *o* bewirkt (qualitativer Ablaut), der dynamische Akzent ("Druck") im Prät. Pl. und P. P. die Abstufung, d. i. Verlust des *e* bzw. Dehnung des idg. *e* zu *ē*, bei Klasse VI von *a*, *o* zu *ā*, *ō* (quantitativer Ablaut). Man unterscheidet daher bei den Ablautreihen die:

	Normalstufe	*Schwundstufe*	*Dehnstufe*
idg.	*ĕ* — *ŏ* (Kl. I–V)	—	*ē* — *ō*
idg.	*ă* — *ŏ* (Kl. VI)	—	*ā* — *ō*

So lassen sich die ae. st. (abl.) Verben wie in den anderen germ. Sprachen in sechs Klassen einteilen, von denen die ersten fünf auf dem idg. Ablaut *ĕ* : *ŏ* (lat. *legō, legō* : *toga, logos*) vom Inf.: 1., 3. Sg. Prät. beruhen, während der sechsten Klasse der quantitative idg. Ablaut *a* : *ā* (*o* : *ō*) zugrunde liegt (lat. *stāre* : *status, stătim*). — Für die Konjugation eines st. Verbs sind vier Stammformen nötig: 1. der Inf. (danach Bildung des Präs.), 2. die 1., 3. Sg. Prät., 3. die 1. Pl. Prät. (danach das übrige Prät. und der Opt. Prät.), 4. das P. P.

Die ae. Ablautreihen leiten sich aus den idg. und germ. her, wobei die starke Vokalveränderung des Ae. (vgl. § 27) zu berücksichtigen ist.

Klasse I (idg. *ei* : *oi* : *ĭ* : *ĭ* > urg. *ī* : *ai* : *ĭ* : *ĭ* > ae. *ī* : *ā* : *ĭ* : *ĭ*).

ae. *rīdan* – *rād* – *ridon* – (*ʒe*)*riden*
ne. *ride* *rode* *ridden*

So geht auch das kontrahierte Verb *þēon* (§ 22, 3) — *þāh* — *þ'ʒon* (S. 47) — *ʒeþiʒen*. In *ārīsan* — *ārās* — *ārison* — *ārisen* (ne. *arise, arose, arisen*) ist der grammatische Wechsel (S. 47) schon beseitigt.

Klasse II (idg. *eu* : *ou* : *ŭ* : *ŭ* > urg. *eu/iu* : *au* : *ŭ* : *ŭ* > ae. *ẹo* : *ę̄a* : *ŭ* : *ŏ*, vgl. § 22,2).

ae. *frẹ̄osan* – *fręas* – *fruron* – (*ʒe*)*frŏren*
ne. *freeze* *froze* *frozen*

So geht auch das Verb. contr. ws. *flẹon*, angl. *flēan* (§ 36,1,2) – *flęah flẹ̄h* (§ 35,1) – *fluʒon* (S. 47) – (*ʒe*)*flŏʒen* (ne. *flee, fled*).

Einige hierhergehörige Verba haben im Präs. den Vokal *ū*: Ae. *būʒan* – ws. *bęaʒ*, angl. *bēʒ* – *bŭʒon* – (*ʒe*)*bŏʒen* (ne. *bow, bowed*).

Klasse III umfaßt in der Hauptsache die Verba auf Nasal oder Liquida + Konsonant (idg. *en* : *on* : *n̥* : *n̥* > urg. *in* (§ 22,1) : *an* : *un* (§ 21,5) : *un* > ae. *in* : *an* : *un* : *un*).

ae. *bindan* – *band* – *bundon* – (*ʒe*)*bunden*
ne. *bind* *bound* *bound*
ae. *helpan* – *h*(*e*)*alp* (§ 29,1 c) – *hulpon* (§ 22, 2) – (*ʒe*)-
ne. *help* *helped* [*holpen*

Einige hierhergehörige Verba haben im Innern eine andere Konsonantenverbindung: Ws. *fẹohtan* (§ 29,1 a), angl. *fehtan* (§ 35, 1) – ws. *fęaht*, angl. *fæht* – *fuhton* – (*ʒe*)-*fohten* (ne. *fight, fought, fought*); ae. *friʒnan* 'fragen' (auch *frīnan* nach Kl. I) – *fræʒn* – *fruʒnon* – *ʒefruʒnen*.

Klasse IV umfaßt die Verba auf einfachen Nasal oder Liquiden (idg. *er* : *or* : *ēr* : *r̥* > urg. *er* : *ar* : *ǣr* (§ 21,2) : *ur* (§ 21,5) > ae. *er* : *ær* : *ǣr*, *ẹ̄r* (§ 21,2) : *or* (§ 22,2)).

ae. *beran* — *bær* — *bǣron, bēron* — (*ʒe*)*bŏren*
stelan — *stæl* — *stǣlon, stēlon* — (*ʒe*)*stŏlen*
ne. *bear, steal* *bore, stole* *born*(*e*), *stolen*

Besonderheiten zeigen: *niman* 'nehmen' — *nōm* (nach dem Pl.) — *nōmon* (§ 28,2) (später auch ws. *nam, nāmon*) — (*ʒe*)*numen*; *cuman* — *c*(*w*)*ōm* — *c*(*w*)*ōmon* — (*ʒe*)*cumen* (ne. *come, came, come*).

Klasse V umfaßt die Verba auf einfachen Konsonanten. ausgenommen Liquida oder Nasal (idg. ***e*** : ***o*** : *ē* : *ĕ* > urg. *e* : *a* : *ǣ* : *e* > ae. *ĕ* : *ǣ̆* : *ǣ, ē* : *ĕ*).

ae. *wesan* — *wæs* — *wǣron, wẹ̄ron* (S. 47) — (*ʒe*)*wesen*
ne. (*be*) *was* *were* nhd. *gewesen*

Hierher gehören auch: Ws. *ʒi*(*e*)*fan*, angl. *ʒefan* (§ 30,1) — ws. *ʒeaf*, angl. *ʒæf* — ws. *ʒẹ̄afon*, angl. *ʒēfon* — ws. *ʒiefen*, angl. *ʒefen* (ne. *give, gave, given*); *etan* — ws. *ǣt*, angl. *ẹ̄t* (mit Länge zu lat. *ēdī*) — ws. *ǣton*, angl. *ẹ̄ton* — (*ʒe*)*eten* (ne. *eat, ate, eaten*); Verb. contr. ws. *sẹ̄on*, angl. *sēan* (§ 36) — ws. *sẹah*, angl. *sæh* — ws. *sāwon, sǣʒon*, angl. *sẹ̄ʒon* — ws. (*ʒe*)*sewen*, (*ʒe*)*sawen*, angl. (*ʒe*)*seʒen* (ne. *see, saw, seen*); *sittan* (< urg. **sitjan*(*an*), § 25,3) — *sæt* — ws. *sǣton*, angl. *sẹ̄ton* — (*ʒe*)*seten* (ne. *sit, sat, sat*); *brecan* hat P. P. *brŏcen* nach Kl. IV (ne. *break, broke, broken*).

Klasse VI (idg. *a* : *ā* : *ā* : *a* (*o* : *ō* : *ō* : *o*) > urg. *a* : *ō* : *ō* : *a* > ae. *a* : *ō* : *ō* : *a*).

ae. *sc*(*e*)*acan* (§ 30,2) — *sc*(*e*)*ōc* — *sc*(*e*)*ōcon* — (*ʒe*)*sc*(*e*)*acen*
ne. *shake* *shook* *shaken*

Hierher gehören auch: *standan* — *stōd* — *stōdon* — (*ʒe*)-*standen* (mit *n* vom Präs.; ne. *stand, stood stood*); *slẹ̄an* (§ 36,1) — *slōʒ slōh* (§ 40) — *slōʒon* — *slaʒen slæʒen sleʒen* (ne. *slay, slew, slain*); *hebban* 'heben' — *hōf* — *hōfon* — *hafen hæfen* (lat. *capiō* 'ergreife', urg. **χaƀiō* > ae. *hebbu*

> *ic hebbe*); *swerian* (< **swarjan*) – *swōr* – *swōron* – (*ȝe*)-*swŏren* mit *ŏ* nach Kl. IV (ne. *swear, swore, sworn*).

76. Die (ursprünglich) reduplizierenden Verben.

Die im Gotischen noch gut erkennbare Reduplikation (got. *haitan, haíhait, haíhaitum, haitans* 'heißen'. *lētan, laílōt, laílōtum, lētans* 'lassen') ist im Ae. wie in den anderen germ. Sprachen nicht mehr bewahrt bis auf die fünf angl. Präteritalformen *heht, reord, leolc, leort* und (*on*)*dreord* (got. *haíhait, raírōþ, laílaik, laílōt*) zum Inf. *hātan* 'heißen', *rǣdan*, angl. *rēdan* 'raten', *lācan* 'springen', *lǣtan*, angl. *lētan* 'lassen' und (*on*)*drǣdan*, angl. -*drēdan* 'fürchten' (got. *haitan, ga-rēdan, laikan, lētan*). Die hierhergehörigen Verben lassen sich in zwei Klassen einteilen (nhd. Prät. -*ie*-):

Klasse I mit Vokal *ę̄* (*e*) im Prät.: *hātan* 'heißen' – *hēt* (angl. *hĕht*) – *hēton* – *hāten*; ebenso ws. *lǣtan*, angl. *lētan* (ne. *let*); *slǣpan*, angl. *slę̄pan* (ne. *sleep*); Verb. contr. *fōn* (§ 36,1) – *fĕnȝ* – *fĕnȝon* – (*ȝe*)*fanȝen*; usw.

Klasse II mit *ę̄o* im Prät.: ws. *healdan*, angl. *haldan* – *hēold* – *hēoldon* – ws. (*ȝe*)*healden*, angl. (*ȝe*)*halden* (ne. *hold, held, held*); ebenso gehen *f*(*e*)*allan, hę̄awan, hlę̄apan, cnāwan, crāwan, sāwan, þrāwan, blōwan, ȝrōwan* usw. (ne. *fall, hew, leap, know, crow, sow, throw, blow, grow*).

76a. Die ae. Verbalendungen.

Präs. 1. Sg.: idg. **bhendh-ō*, **bher-ō* > ur-ae. *bindu, beru* > angl. *ič bindu, beru*, -*o*, ws. kent. *ič binde, bere*[1]).

Präs. 2. Sg.: idg. **bhendh-esi*, **bher-esi* > ur-ae. *bindis, biris* > angl. *þū bindes*(*t*), *beres*(*t*), ws. kent. *þū bintst, bir*(*e*)*st*.

---

[1]) Über die nicht lautgesetzliche Bewahrung von -*u* nach langer Stammsilbe (§ 48, 2) und frühe Abschwächung zu -*e* vgl. W. Horn, Sprachkörper und Sprachfunktion, Leipzig 1923² („Palaestra" Bd. 135), §§ 19, 20.

Das *-t* rührt bei ae. (germ.) freier Wortstellung vom nachgestellten *þū* her: *bindis þū* > *bindestū* wird aufgelöst > *bindest þū* nach dem Muster von *wāstū* neben *þū wāst* (§ 78). Im Ws. Kent. trat Kürzung bei nachfolgendem Pronomen ein, da dieses die Person deutlich kennzeichnete (*bind(e)st þū* > *bintst þū*), doch erfahren die Verba auf *r*, *l*, *m*, *n* in der Regel keine Synkope des *e* (*birest*, *fremeþ* usw.), vgl. § 50.

Das Anglische hebt sich von den südlichen Mundarten deutlich durch Vermeidung der Synkope und Zurückdrängung des *i*-Umlauts (bzw. *i* für *e*) in der 2. 3. Sg. ab[1]) (außer bei den Verba contracta und den Verben auf *-mi*).

Präs. 3. Sg.: idg. **bhendh-eti*, **bher-eti* > ur-ae. *bindiþ*, *biriþ* > angl. *hē bindeþ*, *bereþ*, ws. kent. *hē bint*, *bir(e)þ*.

Im Ws. Kent. ergaben nach Ausfall des *e* in *bind(e)þ* bei nachfolgendem Pronomen der sth. Verschlußlaut *d* + stl. Reibelaut *þ* = stl. Verschlußlaut *t* (so auch *hē fint*, *bit(t)*, *bīt(t)*, *sent* usw. zu Inf. *findan*, *biddan*, *bīdan*, *sendan*).

Im Ndh. greift das *-s* der 2. Sg. *þū bindes* auf die anderen Präs.-Formen über, so daß 3. Sg. *hē bindes*, Pl. *wē*, *ʒē*, *hīe bindas* neben *hē bindeþ*, *wē* .. *bindaþ* erscheint[2]).

Präs. 1. Pl.: idg. **bhendh-omes*, **bher-omes* > ae. – .

Präs. 2. Pl.: idg. **bhendh-et(h)e*, **bher-et(h)e* > ae. – .

Präs. 3. Pl.: idg. **bhendh-onti*, **bher-onti* > ae. *wē*, *ʒē*, *hīe bindaþ*, *beraþ* (§ 28,1).

Im Ae. (wie auch im As. und Afr., aber nicht im Got., Ahd. und Aisl.) trat hier und im Prät. sowie im Opt. Pl. Präs. und Prät. Zusammenfall aller drei Personen unter 3. Pl. ein, da die Personalpronomina ständige Begleiter des Verbums geworden waren (vgl. S. 77[1]).

[1]) So ausnahmslos im „Beowulf".

[2]) Horn, § 23; E. Holmqvist, On the history of the English present inflections, particularly *-th* and *-s*, Heidelberg 1922.

Über ndh. Pl. *wē .. bindas* s. unter Präs. 3. Sg.

1. 2. Pl.-Endung: Sie hat bei nachfolgendem Pers.-Pron. *wē, ȝē*, Dual. *wit, ȝit* besonders starke Abschwächung zu *-e* erfahren: Präs. Ind. *wē, ȝē bindaþ* : *binde wē, ȝē*[1]); Präs. Opt. *wē, ȝē binden* : *binde wē, ȝē*; Adhortativ *binde wē*; Imp. *binde ȝē*; Prät. Ind. *wē, ȝē bundon* : *bunde wē, ȝē*; Prät. Opt. *wē, ȝē bunden* : *bunde wē, ȝē*.

Im Anglischen ist die Endung *-aþ* (+ *wē, ȝē*) gewöhnlich nicht gekürzt worden.

3. Pl. *bindaþ hīe* usw. hat keine Abschwächung erfahren, da für das Pron. häufig ein Subst. eintrat, die Verbindung also lockerer war.

Opt. Präs. Sg.: idg. 1. **bhendh-oim*, 2. **-ois*, 3. **-oit* > germ. **-ai(n)*, **-ais* **aiz* (§ 48,1), **-ait* > ur-ae. *bindæ* (§ 48,4) > ae. *ič, þū, hē binde.*

Opt. Präs. Pl.: idg. 1. **bhendh-oimē*, 2. **-oite* > ae. –. Idg. 3. **bhendh-oint* > germ. **bindain* > ur-ae. *bindæn* > ae. *wē, ȝē, hīe binden.*

Im Ndh. (teilweise auch merc.) schwindet das *-n* (*ič, wē .. binde, -æ, -a*).

Imp. 2. Sg.: idg. **bhendh-e*, **bher-e* > ae. *bind, ber* (§ 48,2).

In den kurzsilbigen Verben auf *-jan* bleibt nach § 48,2 *-i* erhalten und wird später zu *-e* gesenkt: ae. *bide, freme*, got. *bidei*, **framei* (*ei* = *ī*) zum Inf. ae. *biddan, fremman*, got. *bidjan*, **framjan* (§ 25,3).

Imp. 1. Pl.: Statt der adhortativen Form *bindan* verwenden das Ae. und As. meist die Opt. Pl.-Form *binden.*

Imp. 2. Pl. = Ind. Pl. *bindaþ, beraþ.*

Inf.: idg. **bhendh-onom*, **bher-onom* > ae. *bindan, beran.*

---

[1]) Ein ahd. Seitenstück bei Tatian *uuir nememēs* 'wir nehmen': *nemen uuir* 'nehmen wir' (W. Horn, „Die Neueren Sprachen", Beiheft 32, 1939, S. 4).

Im Ndh. fällt ausl. *-n* ab (wie auch bei der subst. *n*-Dekl., im Opt. Pl. Präs. und Prät.).

Neben diesem unflekt. Inf., der ein erstarrter N. A. eines idg. n. Verbalnomens ist ('das Binden, Tragen'), steht im Ae. (wie auch im As., Ahd., jedoch nicht im Aisl., Got.) nach *tō* im D. Sg. der als nja.-Stamm (§ 54,1) "flektierte Infinitiv", eine Art Gerundium: *tō bindenne* neben jüngerem *tō bindanne* (nach *bindan*).

Part. Präs.: idg. **bhendh-ont-*, **bher-ont-* (*-nt* > *nđ* nach Verners Gesetz > *-nd* nach § 25,2) wird wg. zu den adj. *-ja*/*-jō*-Stämmen erweitert, daher > wg. **bindandi*, **berandi* > ur-ae. *bindændi, berendi* > ae. *bindende, berende*[1]) (wie *ʒrēne* § 70,1 flekt.).

Prät. 1. 3. Sg.: idg. 1. **bhe-bhónda*, 3. **bhe-bhónde* > ae. *ić*, *hē band.*

Das zugrunde liegende idg. Perfekt[2]) war in den meisten Fällen durch Reduplikation, Ablaut und Personalendungen gekennzeichnet. Im Germ. ging die Reduplikation bei den meisten Verben verloren (vgl. § 77), dafür wurde der Ablaut weiter ausgebaut (§ 75).

Prät. 2. Sg.: idg. **bhn̥dh-es* > ur-ae. *bundi* (§ 21, 5) > ae. *þū bunde.*

In der dem Wg. zugrunde liegenden idg. Form des Aorists (urspr. zum Ausdruck einer momentanen Handlung in der Vergangenheit) wurde der Bindevokal *-e-* > *-i-* gehoben, *-s* fiel ab. Lautgesetzlich hätte nach §§ 31,5 und 48,2 *bundi* > ae.**bynd* werden müssen, doch blieb *-i* (später *-e*) nach langer Stammsilbe als funktionswichtig

---

[1]) Die ae. Umschreibung vom Typus *hē wæs sprecende* ist die Vorstufe der heutigen erweiterten Form *he was speaking*. G. Nickel, Die Expanded Form im Altenglischen, Neumünster 1966.

[2]) Im germ. Prät. sind idg. Imperfekt, Aorist, Perfekt und Plusquamperfekt aufgegangen.

und unter Mitwirkung der kurzsilbigen erhalten, der Umlaut trat durch Analogie zum Pl. nicht ein.

Die Endung der sw. Verba *-des(t)* (ae. *þū fremedes(t)*, got. *salbōdēs* 'salbtest') ist eine verkürzte Form vom Verbum "tun" (s. § 77).

Prät. Pl.: idg. 3. **bhn̥dh-n̥t* > ur-ae. *bundun* (§ 21,5) > ae. *wē, ȝē, hīe bundon, -an.*

Zugrunde liegt eine Aoristform wie oben. Im Ae. As. Afr. trat Zusammenfall aller drei Personen wie im Ind. Opt. Pl. Präs. und Prät. ein.

Opt. Prät. Sg.: Er hat Abl.-Vokal wie Ind. Pl. Die wg. Formen gehen auf idg. 1. **-īm*, 2. **-īs*, 3. **-īt* (vgl. lat. *sim, sīs, sit*) zurück > ur-ae. **bundi* > ae. *ič, þū, hē bunde* (statt lautgesetzl. **bynd*, vgl. unter Prät. 2. Sg.).

Opt. Prät. Pl.: Er geht auf idg. 3. **-īnt* (vgl. lat. *sīmus, sītis, sint*) zurück > ur-ae. **bund-in* > ae. *wē, ȝē, hīe bunden* (daneben indikativ. *bundon, -an*).

Part. Prät.: idg. **bhn̥dh-enos, *-onos* (Suffixablaut, vgl. § 75) > ur-ae. *(ȝi)bundin, (ȝi)bundæn* > ae. *(ȝe) bunden* (§ 51,1), außerws. auch *-an, -on, -un.*

Zur Flexion vgl. § 71 Ende. – Die Vorsilbe *ȝe-* (älter *ȝi-*) hat beim germ. Verbum perfektivierende Bedeutung (vgl. got. *baíran*, ahd. ae. *beran* 'tragen' : got. *gabaíran*, ahd. *giberan*, ae. *ȝeberan* 'zu Ende tragen' = 'hervorbringen, gebären'), wird jedoch beim P. P. auch im Ae. schon schematisch angewandt und fehlt häufig. Zusammengesetzte Verba können kein *ȝe-* annehmen. -- Beim Subst. hat die Vorsilbe *ȝe-* kollektivierende Bedeutung (ahd. ae. *feld* : ahd. *gifildi*, ae. *ȝefilde* 'Gesamtheit von Feldern', vgl. *ȝebrōþor, ȝesweostor* in § 60,3).

76 b. Flexion.

	Ur-ae.	Ae.				
		a) Präsens.				
		Indikativ.				
Sg. 1.	*helpu*	*ič*	*helpe*	*binde*	*čēose*	*fō*
		angl.	*helpu*	*bindu*	*čēosu*	
2.	*hilpis*	*þū̆*	*hilpst*	*bintst*	*čiest*	*fēhst*
		angl.	*helpes(t)*	*bindes(t)*	*čēoses(t)*	*fœ̄st*
3.	*hilpiþ*	*hē̆..*	*hilpþ*	*bint*	*čiest*	*fēhþ*
		angl.	*helpeþ*	*bindeþ*	*čēoseþ*	*fœ̄þ*
Pl.	*helpaþ*	*wē̆..*	*helpaþ*	*bindaþ*	*čēosaþ*	*fōþ*
		Optativ.				
Sg.	*helpæ*	*ič...*	*helpe*	*binde*	*čēose*	*fō*, angl. *fōe*
Pl.	*helpæn*	*wē̆..*	*helpen*	*binden*	*čēosen*	*fōn*, angl. *fōcn*
		Imperativ.				
Sg. 2.	*help*		*help*	*bind*	*čēos*	*fōh*
Pl. 1.	*helpæn*		*helpan*	*bindan*	*čēosan*	*fōn*
2.	*helpaþ*		*helpaþ*	*bindaþ*	*čēosaþ*	*fōþ*
		Infinitiv.				
	helpan		*helpan*	*bindan*	*čēosan* (§ 44, I a)	*fōn* (§ 36)
		Particip.				
	helpændi, *helpendi*		*helpende*	*bindende*	*čēosende*	*fōnde*
		b) Präteritum.				
		Indikativ.				
Sg. 1.	*h(e)alp*	*ič*	*h(e)alp*	*band*	*čēas*	*fenȝ*
2.	*hulpi*	*þū̆*	*hulpe*	*bunde*	*cure*	*fenȝe*
3.	*h(e)alp*	*hē̆..*	*h(e)alp*	*band*	*čēas*	*fenȝ*
Pl.	*hulpun*	*wē̆..*	*hulpon*	*bundon*	*curon*	*fenȝon*
		Optativ.				
Sg.	*hulpi*	*ič...*	*hulpe*	*bunde*	*cure*	*fenȝe*
Pl.	*hulpin*	*wē̆..*	*hulpen*	*bunden*	*curen*	*fenȝen*
		Partizip.				
	(ȝi)holpæn, *(ȝi)holpin*		*(ȝe)holpen*	*(ȝe)bunden*	*(ȝe)coren*	*(ȝe)fanȝen*

77. Die schwachen Verben.

Das idg. Verbum bildete seine Vergangenheitsformen meist mit Hilfe von Reduplikation, Ablaut und Personalendungen. Als jedoch die Personalpronomina in den germ. Sprachen zu ständigen Begleitern des Verbums wurden, war die Vergangenheitsform nunmehr übercharakterisiert. Die alten Kennzeichnungsmittel wichen dem neuen: Die Reduplikation ging im Germ. bis auf Reste verloren (§ 76), in einigen Dialekten (Ae., As., Afr.) trat überdies weitgehend Zusammenfall der Personalendungen ein (§ 76a). Dagegen blieb der Ablaut bei den sog. "starken Verben" im Germ. erhalten und wurde in feste Schemata gebracht (§ 75). Eine bestimmte Art von Verben, die sog. "schwachen Verben" gaben im Germ. auch noch den Ablaut auf und bildeten auf Grund des Bedeutungsinhalts der hierhergehörigen faktitiven (kausativen) Verben[1]) ihre Vergangenheit durch Zusammensetzung des Verbalstammes mit den Präteritalformen des Verbums "tun"[2]). Als der Verbalstamm und die Formen vom Verbum "tun" zu einem festen Kompositum verwachsen waren, wurde die ursprüngliche Bedeutung von *tun* bald nicht mehr empfunden, es sank zur Flexionsendung herab und wurde abgeschwächt (vgl. Pl. ae. *wē fremedon* statt **freme(dǣ)-don*, ahd. *wir frumitum* statt **frumi(tā)tum*)[3]).

Von den vier got. (urg.) Klassen des sw. Verbums sind

[1]) Z. B. got. *hailjan* 'heil machen' = 'heilen', *dailjan* 'Teil(e) machen' = 'teilen', (abl.) *satjan* 'sitzen machen' = 'setzen' zu got. Adj. *hails* 'heil, gesund', Sb. *dails* 'Teil', Vb. *sitan* 'sitzen'; ebenso ae. *hǣlan*, *dǣlan*, *settan* zu ae. Adj. *hāl*, Sb. *dǣl* (< urg. **dailiz*), Vb. *sittan* (ne. *heal — whole*, *deal — deal*, *set — sit*). Weitere Beispiele s. unter Klasse I.

[2]) Die got. Pl.-Endungen 1. (*nasi*)-*dēdum*, 2. -*dēduþ*, 3. -*dēdun* 'wir retteten usw.' zum Inf. *nasjan* (s. unter Klasse I) entsprechen in ihrer noch nicht abgeschwächten Form genau dem ahd. Simplex *wir tātum*, *ir tātut*, *sie tātun*, as. *wi*, *ʒi*, *sia dādun* (eigtl. 3. Pl.), ae. (poet.) *wē*, *ʒē*, *hie dǣdon* (eigtl. 3. Pl.) 'wir, ihr, sie taten' (vgl. **Horn**, Sprachkörper § 44; **Krahe**, Germ. Sprachwissenschaft II, § 90).

[3]) In den historischen Grammatiken gewöhnlich „Dentalpräteritum" genannt.

ae. nur noch die ersten zwei erhalten, dazu Reste der dritten. Wir haben hier nur drei Stämme zu unterscheiden:

1. Präs. 2. Prät. 3. P. P.

Klasse I enthält in der Hauptsache Kausativa oder Faktitiva (lat. *fac-ere* 'machen, tun') zu Adjektiven, Substantiven und Verben[1]).

Ae. *fremman* (§ 25, 3a), got. **framjan* 'förderlich machen' = 'fördern' zum Adj. ae. *fram* 'förderlich, tapfer', got. **frams*, aisl. *framr* 'vorzüglich' (dazu mit abl. Schwundstufe nach § 75 ahd. *frummen* Vb., *fruma* Sb., nhd. *frommen*, 'zu Nutz und *Frommen*'); – ae. *dēman* (§ 31, 4), got. *dōmjan* 'ein Urteil machen' = '(be)urteilen' zum Subst. ae. *dōm*, got. *dōms* 'Urteil' (ne. *deem* : *doom*); – ae. *nerian* (§ 25, 3a), got. *nasjan* (statt **nazjan*[2]), § 25, 1, mit *s* für *z* von *ga-nisan*) 'genesen machen' = 'heilen, retten' zum Verbum ae. *ʒe-nesan*, got. *ga-nisan* 'genesen' (nhd. *nähren*: *ge-nesen*).

Die Verba dieser Klasse gehen auf urg. **-ijan* (got. durchweg *-jan*) zurück, aus dem sich nach kurzer Wurzelsilbe germ. **-jan* (**nazjan*), nach langer Wurzelsilbe germ. **-ian* (**dōmian*) entwickelte (vgl. § 54,1). Sowohl germ. *-j* als auch *-i* bewirkten 'Umlaut' (§ 31) des Wurzelvokals der Verba und 'Palatalisierung und Assibilierung' (§ 44) eines vorausgehenden *c* und *ʒ*, *-j* überdies noch 'Gemination' gemäß § 25, 3a, um dann, wie nach urspr. langer Stammsilbe, auch nach der neuentstandenen Konsonantenlänge zu schwinden.

Im Ae. haben die Verba der Klasse I im Inf. die Endung *-an*, nach *r* *-ian* (§. 25, 3a), im Prät die Endung *-ede*, *-de*, *-te* (got. *-ida*, ur-ae. *-idæ*):

---

[1]) Daneben gibt es primäre Verba auf got. *-jan*, die dann aber im Prät. stark (abl.) flektieren, z. B. got. *hafjan* '(auf)heben', *bidjan* 'bitten', *ligan* 'liegen' (statt **ligjan*), *sitan* 'sitzen' (statt **sitjan*) = ae. *hebban* abl. VI., *biddan* abl. V. (*bæd*, *bǣdon*, *ʒebeden*), *liċʒ*(*e*)an (vgl. § 44, 1b) abl. V. (*læʒ*, *lǣʒon*, *ʒeleʒen*), *sittan* abl. V. (ne. *heave* flekt., *bid*, *lie* flekt., *sit*).

[2]) Vgl. regelm. got. *hazjan* 'loben' = ae. *herian* 'loben, preisen'.

	Inf.	Prät.	P. P.
ae.	*fremman* 'fördern'	– *ič, wē fremede, -on*	– *(ȝe)fremed*
(got.	**framjan*	– **framida, 3. -dēdun*	– **framiþs)*
ae.	*dēman* 'urteilen'	– *ič, wē dēmde, -on*	– *(ȝe)dēmed*
(got.	*dōmjan*	– *dōmida, 3. -dēdun*	– *dōmiþs)*
ae.	*nerian* 'retten'	– *ič, wē nerede, -on*	– *(ȝe)nered*
(got.	*nasjan*	– *nasida, 3. -dēdun*	– *nasiþs)*

1. Die urspr. kurzsilbigen Verba bilden ihr Prät. auf *-ede* (*fremede, nerede*), die urspr. langsilbigen auf *-de* nach sth. Kons. (*dēmde, hīerde hērde* zum Inf. ws. *hīeran*, angl. *hēran* – ne. *deem* : *deemed*, *hear*: *heard*), auf *-te* nach stl. Kons. (*cēpte, mētte* zum Inf. *cēpan, mētan* – ne. *keep*: *kept*, *meet*: *met*); wie die letzteren gehen auch die urspr. kurzsilbigen Verba auf *-d, -t* (*hredde, sette* zum Inf. *hreddan* 'retten', *settan* – ne. *set*: *set*). Dreifacher Konsonant wird vereinfacht (*fylde, sende* zum Inf. *fyllan, sendan* – ne. *fill*: *filled*, *send*: *sent*).

2. Das Part. Prät. endet auf *-ed* (älter *-id*) bei den urspr. kurz- und langsilbigen Verben. Dial. Unterschiede zeigen sich in der Flexion der P. P. der Verba, die auf *-d, -t* ausgehen.

Angl. N. *ȝeseted*[1]) (zu *settan*), G. *ȝesettes*, D. *ȝesettum*, doch ohne Synkope vor kons. anlaut. Endung A. *ȝesetedne*, f. G. *ȝesetedre, -ra* usw.; – ws. (durchgehende Synkope) N. *ȝeset(t)*, G. *ȝesettes*, D. *ȝesettum*, A. *ȝesetne*, f. G. *ȝesetre, -ra* usw.; – ebenso angl. *ȝesended, ȝeȝrēted*[1]); ws. *ȝesend, ȝeȝrēt(t)* zum Inf. *sendan, ȝrētan* (ne. *send* : *sent*, *greet* : *greeted*).

Während die kurzsilbigen sonst in den flekt. Formen keine Kürzung erfahren, wird bei den langsilbigen vor

---

[1]) So ausnahmslos im „Beowulf".

vokalisch anlautender Endung das *e* von *-ed* stets synkopiert.

3. In der 2. 3 Sg. Präs. *þū fremes(t), hē fremeþ* trat keine Gemination nach § 25,3a ein, da *j* vor dem *i* der Endung bereits im Wg. fehlte (vgl. § 44 Anm. 2); zum Imp. 2. Sg. *freme* vgl. § 76 a.

4. a) Einige Verben bildeten schon im Germ. ihr Prät. und P. P. ohne den Mittelvokal *-i-* unter Antritt der Endung *-t* statt *-d* und haben daher auch im Ae. keinen *i*-Umlaut.

Ae. *byčʒ(e)an* (vgl. § 44, I Ende) 'kaufen' – *bohte* – *ʒeboht* (got. *bugjan* – *baúhta*, ne. *buy* – *bought*); *þenč(e)an* 'denken' – *þōhte* – *ʒeþōht* (got. *þagkjan* – *þāhta*, ne. *think* – *thought*); *þynč(e)an* 'dünken' – *þūhte* – *ʒeþūht* (got. *þugkjan* – *þūhta*, ne. *think* < ae. *þenč(e)an* + *þynč(e)an*, vgl. § 44 Anm. 1); *wyrč(e)an* 'arbeiten' – *worhte* – *ʒeworht* (got. *waúrkjan* – *waúrhta*, ne. *work* – *wrought*); *brinʒan* (st. Vb.), *brenʒ(e)an* (sw. Vb., as. *brengian*) 'bringen' – *brōhte* – *ʒebrōht* (got. *briggan* – *brāhta*, ne. *bring* – *brought*); *rǣč(e)an* 'reichen' (< germ. **raikjan*) – *rāhte rǣhte* – *ʒerǣht* (mit *ǣ* vom Präs.; ne. *reach* – *reached*); *tǣč(e)an* 'lehren' (< germ. **taikjan*) – *tāhte tǣhte* – *ʒetāht ʒetǣht* (mit *ǣ* vom Präs.; ne. *teach* – *taught*); *sēč(e)an* 'suchen' (got. *sōkjan*) – *sōhte* – *ʒesōht* (ne. *seek* vgl. § 44 Anm. 1 – *sought*); *weč̌č(e)an* 'wecken' (got. *us-wakjan*) – *weahte* (§ 29, 1 a) – *ʒeweaht* (ne. *wake, watch* < ae. *wacian*, *wæccan* mit *weč̌čan* vermischt); *streč̌č(e)an* 'strecken' (< germ. **strakjan* 'strack machen', in nhd. *schnur-stracks*) – *streahte* (§ 29, 1 a) – *ʒestreaht* (ne. *stretch* – *stretched*); *þeč̌č(e)an* 'decken' (< germ. **þakjan*) – *þeahte* (§ 29, 1 a) – *ʒeþeaht* (ne. *thatch* nach Sb. ae. *þæc* 'Dach', zu lat. *toga* 'Kleid', eigtl. 'Bedeckung').

b) Eine weitere kleine Anzahl von Verben verlor den Mittelvokal *-i-* im Prät. und P. P. ebenfalls so früh, daß kein *i*-Umlaut eintrat, doch haben sie regulär *-de* im Prät., *-d* im P. P.

Ae. *tellan* 'erzählen' (< germ. **taljan*) – *t(e)alde* (§ 29, 1 c) – *ʒet(e)ald* (ne. *tell* – *told*); *sellan* 'übergeben' (got. *saljan*) – *s(e)alde* – *ʒes(e)ald* (ne. *sell* – *sold*); *cwellan* 'töten' (< germ. **kwaljan*) – *cw(e)alde* – *ʒecw(e)ald* (ne. *quell, kill* – *killed*); *stellan* 'stellen' (< germ. **staljan*) – *st(e)alde* – *ʒest(e)ald*;

lečʒ(e)an 'legen' (got. *lagjan*, abl. Faktitivum zu got. *ligan* 'liegen' für **ligjan*) – *leʒde* – *ʒeleʒd* (ne. *lay* vgl. § 44 Anm. 2 – *laid*).

Klasse II umfaßt hauptsächlich Verba, die von Nomina abgeleitet sind (Denominativa); daneben steht eine kleinere Anzahl von Verben, die Ableitungen von primären Verben darstellen (Deverbativa).

Ae. *fiscian*, got. *fiskōn* 'fischen' zu ae. *fisc*, got. *fisks* 'Fisch' (vgl. lat. *piscāri* zu *piscis*); – ae. *hwearfian*, got. *hwarbōn* 'wandern, wandeln', abl.[1]) zu ae. *hweorfan* 'sich wenden', got. *hwairban* 'wandeln' (nhd. *werben*); ae. *fandian* 'zu finden suchen' = 'prüfen, erforschen' (nhd. *fahnden*) abl. zu ae. *findan* (nhd. *finden*).

Die Verba dieser Klasse gehen auf urg. *-*ōjan* (got. -*ōn*) zurück, aus dem sich über umgelautetes *-*ējan* die ae. Inf.-Endung -*ian* entwickelte:

Urg. **lōkōjan* > **lōkējan* > **lōkejan* > **lōkijan* > ae. *lōcian*, *lōciʒ(e)an* 'schauen'.

Im Prät. erscheint die Endung ws. -*ode* (got. -*ōda*, urae. -*ōdæ*), angl. kent. -*ade*, im P. P. ws. -*od*, angl. kent. -*ad* (§ 51, 3^{3}).[2])

	Inf.	Prät.	P. P.
ae.	*lōcian* 'schauen'	– *ič*, *wē lōcode*, -*on* (ne. look: looked)	– *ʒelōcod*
(got.	*salbōn* 'salben'	– *salbōda*, 3. -*dēdun*	– *salbōþs*)

1. In der 2. 3. Sg. Präs. von *lōcian* liegt athematische Bildung (der Deverbativa) vor, d. h. die Endungen treten hier unmittelbar an den Stamm.

---

[1]) Ablaut (s. § 75) und Kausativbildung (s. Klasse I) waren im Germ. sehr produktive Sprachkräfte, wie das Nebeneinander von ae. *hweorfan* 'sich wenden', ablaut. *hwearfian* 'wandern' mit Schwundstufe *hwyrft* mi. 'Wanderung' (umgelautet), kausativ. *hwierfan* (angl. *hwerfan*) 'umwenden' deutlich zeigt.

[2]) Wie neben kausativem ae. *swīđan* 'stärken' ein denominatives *swīđian* ,stark sein; stark werden' steht, so haben wir neben ae. *unoferswīđed* 'unüberwunden' auch ein ae. *unoferswīđod* 'unüberwindbar'.

Urg. 2. **lōkō-si*, 3. **lōkō-þi* > ae. *þū lōcas(t)*, *hē lōcaþ* (got. *salbōs*, *salbōþ*); danach die 2. Sg. Imp.: urg. **lōkō(e)* > ae. *lōca* (§ 51, 3c), got. *salbō*; — aber mit thematischer Bildung (der Denominativa): urg. 1. Sg. **lōkōjō*, 3. Pl. **lōkōjanþi* usw. > ae. *ič lōci(ȝ)u*, ws. *lōciȝe*, *wē*, *ȝē*, *hīe lōciaþ* (vgl. Inf.), got. *salbō*, *salbōnd*.

2. In späten ws. Texten haben die Verba auf *-ian* (nach *r*) der Klasse I häufig die Flexion der Klasse II angenommen.

Spätws. Präs. *ič nerie*, *þū nerast*, *hē neraþ*, *wē neriaþ*, Prät. *ič nerode* usw.

Klasse III ist ae. im wesentlichen nur noch durch die Verben *habban* – *hæfde* – *ȝehæfd*; *libban* (*lifȝan*) – *lifde* – *ȝelifd*; *seċȝan* – *sæȝde* – *ȝesæȝd* (ne. *have*, *live*, *say*) und *hyċȝan* 'denken' – *hoȝde* – *ȝehoȝod* vertreten, bei denen im Prät. und P. P. *-d(e)* ohne Mittelvokal an den Stamm tritt. (Got. Inf. *-an* [*haban*, *liban*], ahd. *-ēn* [*habēn*, *lebēn*], zu lat. *habēre*; Prät. 3. Sg. got. *habáida*, ahd. *habēta*.) Die meisten ursprünglich hierhergehörigen Verben sind ae. in Klasse I oder II übergetreten, was auch bei den genannten Verben teilweise der Fall ist.

1. Die 1. Sg. und der Pl. Präs. wurden nach der Klasse I gebildet, daher: *ič hæbbe*, *libbe* (*lifȝe*), *seċȝe*, *hyċȝe*; *wē*, *ȝē*, *hīe habbaþ* (wie *fremmaþ*), *libbaþ* (*lifȝaþ*), *seċȝ(e)aþ*, *hyċȝ(e)aþ*.

2. Bildungen nach Klasse I und II zeigen die 2. Sg. Präs. *þū hæfst*, *liofast* (§ 32, 3), *sæȝst*, *hyȝ(e)st hoȝas(t)* (außerws. *hafas(t)*, *saȝas(t)*) und 3. Sg. *hē hæfþ*, *liofaþ*, *sæȝþ*, *hyȝ(e)þ hoȝaþ* (außerws. *hafaþ*, *saȝaþ*) sowie die 2. Sg. Imp. *hafa* (angl. *hæfe*), *liofa*, *sæȝe* (außerws. *saȝa*), *hoȝa hyȝe*.

3. Spätws. trat *hyċȝ(e)an* 'denken' ganz in Klasse II über: Inf. *hoȝian*, Prät. *hoȝode*, P. P. *ȝehoȝod*.

4. Hierher gehört auch das Verbum *fetian* 'holen', das sich über **fetjan* > **fettjan* (§ 25, 3 a) > ws. *feċċ(e)an* (vgl. § 44, I Ende) entwickelte (ne. *fetch* – *fetched*).

Inf. *fetian* – *feččan*; Präs. Sg. 1. *ič fetize* – *fečče*, 2. *þū fetast*, 3. *hē fetaþ*, Pl. *wē.. fetiaþ* – *feččaþ*; Opt. *ič fetize* – *fečče*; Imp. Sg. *feta*, Pl. *fetiaþ* – *feččaþ*; Prät. *ič fette* – *fetode*; P. P. *fett* – *fetod*, außerws. *feotod* (§ 32, 2).

5. Die meisten Verba dieser Klasse sind in die II. (*ō*-) Klasse übergetreten. Folgende Kennzeichen weisen auf urspr. Zugehörigkeit zur III. (*ē*-)Klasse hin (lat. II. Konjugation: *tacēre* usw. = germ. III. sw. Konjugation: got. *þahan* 'schweigen' usw.):

Konsonantenverdoppelung (§ 25, 3 a) und *i*-Umlaut (§ 31); die Endungen -*e*, -*es*(*t*), -*eþ* im Sg. Präs.; Bildung des Prät. und P. P. ohne -*o*-Mittelvokal.

77 a. Flexion.

a) Präsens.

Indikativ

		1. Klasse			2. Klasse	3. Klasse
Sg.	*ič*	*fremme*	*dēme*	*nerie*	*lōcize*	*hæbbe*
	angl.	*fremmu*	*dǣmu* (§ 31, 4)	*neriu*	*lōci*(*z*)*u*	*hafu*
	þū	*fremes*(*t*)	*dēm*(*e*)*s*(*t*)	*neres*(*t*)	*lōcas*(*t*)	*hæfs*(*t*)
					angl. *hæfes*(*t*)	*hafas*(*t*)
	hē..	*fremeþ*	*dēm*(*e*)*þ*	*nereþ*	*lōcaþ*	*hæfþ*
					angl. *hæfeþ*,	*hafaþ*
Pl.	*wē*..	*fremmaþ*	*dēmaþ*	*neriaþ*	*lōciaþ*	*habbaþ*

Optativ.

Sg.	*ič*...	*fremme*	*dēme*	*nerie*	*lōcize*	*hæbbe*
Pl.	*wē*..	*fremmen*	*dēmen*	*nerien*	*lōcizen*	*hæbben*

Imperativ.

Sg. 2.	*freme*	*dēm*	*nere*	*lōca*	*hafa*, angl. *hæfe*
Pl. 1.	*fremman*	*dēman*	*nerian*	*lōcian*	
2.	*fremmaþ*	*dēmaþ*	*neriaþ*	*lōciaþ*	*habbaþ*

Infinitiv.

fremman	*dēman*	*nerian*	*lōcian*	*habban*

Particip.

1. Klasse			2. Klasse	3. Klasse
fremmende	*dēmende*	*neriende*	*lōciende* angl. *lōcende*	*hæbbende*

b) Präteritum.

Indikativ.

Sg. *ič*	*fremede*	*dēmde*	*nerede*	*lōcode* angl. kent. *lōcade* usw.	*hæfde*
þū	*fremedes(t)*	*dēmdes(t)*	*neredes(t)*	*lōcodes(t)*	*hæfdes(t)*
hē..	*fremede*	*dēmde*	*nerede*	*lōcode*	*hæfde*
Pl. *wē*..	*fremedon*	*dēmdon*	*neredon*	*lōcodon*	*hæfdon*

Optativ.

Sg. *ič*...	*fremede*	*dēmde*	*nerede*	*lōcode*	*hæfde*
Pl. *wē*..	*fremeden*	*dēmden*	*nereden*	*lōcoden*	*hæfden*

Particip.

(ʒe)fremed	*(ʒe)dēmed*	*(ʒe)nered*	*(ʒe)lōcod* angl. kent. *(ʒe)lōcad*	*(ʒe)hæfd*

77 b. Verbalsubstantiva.

Die ae. schwachen Verben der I. Klasse bilden Abstrakta mit dem Suffix *-inʒ* (< germ. **-ingō* < idg. **-enkā*), die der II. Klasse mit *-unʒ* (< germ. **-ungō* < idg. **-n̥kā*)[1]), bei den st. Verben sind Bildungen auf *-inʒ* *-unʒ* selten.

Ae. *mētan, ʒrētan, blētsian, leornian*: *mētinʒ, ʒrētinʒ, blētsunʒ, léornunʒ* (nhd. *-ung*, ne. *-ing*): Sb. *meeting, greeting, blessing, learning*).

Die Flexion ist die der langen *ō*-Stämme, doch steht ws. kent. im D. Sg. oft *-unʒa* für *-unʒe* (zuweilen auch im G. A. Sg.).

[1]) Fr. Kluge, Nominale Stammbildungslehre der altgerm. Dialekte, 3. Aufl. bearb. von L. Sütterlin u. E. Ochs, Halle 1926 (§ 158f.).

78. Die Präteritopräsentia.

Es sind dies Verben mit präteritaler Form und präsentischer Bedeutung (vgl. lat. *ōdī* 'ich hasse', ne. *I have got* 'ich habe'). Sie bilden im Germ. ein neues Prät. nach Art der sw. Verba, während sie im Präs. wie das st. Prät. flektiert werden, bis auf die alte Perfektendung *-t* in der 2. Sg. Präs. Wir können sie auch im Ae. in die sechs st. Ablautreihen einordnen.

Klasse I: Ind. Sg. *ič wāt* 'ich weiß', *þū wāst, hē.. wāt*, Pl. *wē.. witon, wioton* (§ 32, 3), Opt. Sg. *ič wite*, Pl. *wē witen*, Imp. Sg. *wite*, Pl. *witaþ*, Inf. *witan, wiotan*, Part. Präs. *witende*, Prät. Sg. *ič wisse, wiste*, Pl. *wē wisson, wiston*, P. P. *ȝewiten*.

Klasse II: Ws. *dę̄aȝ, dę̄ah*, angl. *dę̄ȝ* (§ 35, 1) 'es taugt', Pl. *duȝon*, Opt. *dyȝe, duȝe*, Inf. *duȝan*, Part. Präs. *duȝende*, Prät. *dohte*.

Klasse III: Ind. Sg. *ič can(n)* 'ich weiß, kann', *þū canst, hē can*, Pl. *wē cunnon*, Opt. Sg. *ič cunne*, Pl. *wē cunnen*, Inf. *cunnan*, Prät. *ič cūþe, wē cūþon*, P. P. *oncunnen*, Adj. *cūþ* (got. *kunþs*) 'bekannt'.

Ič þearf (*be-þearf*) 'ich bedarf', *þū þearft, hē þearf, wē þurfon*, Opt. *ič þyrfe, þurfe*, Inf. *þurfan*, Part. Präs. *þurfende*, Adj. *þearfende* 'bedürftig', Prät. *ič þorfte, wē þorfton*. – *Ič dear(r)* 'ich wage', *þū dearst, hē dear(r), wē durron*, Opt. *ič dyrre, durre*, Inf. nicht belegt, Prät. *ič dorste, wē dorston*.

Klasse IV: *Ič sceal* 'ich soll', *þū scealt, hē sceal, wē sculon*, Opt. *ič scyle, scule, wē scylon, sculon*, Inf. *sculan, sceolan*, Prät. *ič sc(e)olde, wē sc(e)oldon*.

Ič man (*mon*) 'ich gedenke', *þū manst, hē man, wē munon*, Opt. (alt) *ič myne*, (gewöhnlich) *mune, wē munen*, Imp. *ȝe-mun, -mune, -myne*, Inf. (*ȝe-, on-*)*munan*, Prät. *ič munde*, P. P. *ȝemunen*, Part. Präs. *munende*.

Klasse V: Sie enthält schon got. keine Belege. Bei dem gewöhnlich hierhergestellten *maȝan* stimmt der Vokal des Plurals nicht. 'Vielleicht ist das Verbum erst spät zu den Praeterito-Praesentien getreten' (Helm).

Ič mæȝ 'ich vermag, kann', *þŭ meaht* (ws.), *mæht* (angl.), spät-ws. *miht*, *hĕ mæȝ*, *wĕ maȝon*, Opt. *ič mæȝe*, *wĕ mæȝen*, Inf. *maȝan*, Part. Präs. *maȝende*, Prät. ws. *ič meahte*, *mehte* (§ 35, 2), spätws. *mihte*, angl. *mæhte* (§ 35, 1).

Klasse VI: *Ič mōt* 'ich darf', *þū mōst*, *hĕ mōt*, *wĕ mōton*, Opt. *ič mōte*, *wĕ mōten*, Inf. nicht belegt, Prät. *ič mōste*, *wĕ mōston*[1]).

79. Die Verben auf -mi.

Im Indogermanischen bestanden (wie noch im Griech.) zwei große Konjugationsklassen nebeneinander: die eine mit der Endung *-ō* in der 1. Sg. Präs. (idg. **bherō*, lat. *ferō*), die andere mit der Endung *-mi* (idg. **esmi*, lat. *sum*). Im Germanischen (wie auch schon im Lat.) herrscht fast ausschließlich die *-ō*-Bildung. Reste der Verben auf *-mi* sind im Ae.:

1. Das Verbum 'sein'.

Hier tritt das Suppletivwesen (s. S. 93[1]) besonders stark in Erscheinung. Bei der Bildung helfen sich vier idg. Verbalwurzeln aus: *es-*, *bheu-*, *or-* in der 2. Sg. (vgl. lat. *orior*, *ortus*) und *wes-*.

a) Präsens.

Indikativ.

		Ws.	Angl.	Ws.	Angl.
Sg.	*ič*	*eom*	*eam, am*	*bīo, bēo*	*bīom*
	þŭ	*eart*	*earþ, arþ*	*bist*	*bis(t)*
	hĕ..	*is*	*is*	*biþ*	*biþ*
Pl.	*wĕ..*	*sint, sindon, -un*	*sint, sind, sindon, -un, earon, aron*	*bīoþ, bēoþ*	*bīoþ, bi(o)þun, -on*

[1]) E. Standop, Syntax und Semantik der modalen Hilfsverben im Altenglischen, Bochum 1957. — A. Tellier, Les verbes perfecto-présents en Anglais ancien, Paris 1962.

Optativ.

Sg. *ič..*	*sie, sī*	*sie*	*bīo, bēo*
Pl. *wē..*	*sīen, sīn*	*sīen*	*bīon, bēon*

	Ws.		Ws.
		Imperativ.	
Sg.	*bīo, bēo*		*wes*
Pl.	*bīoþ, bēoþ*		*wesaþ*
		Infinitiv.	
	bīon, bēon		*wesan*
		Particip.	
	bīonde, bēonde		*wesende*

b) Präteritum.

Ind. *ič wæs, þū wǣre, hē.. wæs, wē.. wǣron* (§ 75, Klasse V)
Opt. *ič.. wǣre, wē.. wǣren.*

Beim „Verbum substantivum" haben sich die aus verschiedenen Wurzeln stammenden Formen in vielen Fällen gegenseitig beeinflußt.

1. Sg.: *eom* (idg. **és-mi*, got. *im*) hat *eo* von *bēo(m)* (idg. **bheu̯ō*, wg. **biu*), während *bēom* das *m* von *eom* bezog; angl. (*e*)*am* nach 2. Sg. (*e*)*arþ*; – 2. Sg.: *eart* hat *-t* von den Prät.-Präs.; *bist* ist Kontamination von *is* (idg. **ési* < **es-si*, got. *is*) + **bēost*; – 3. Sg.: *biþ* ist Kontamination von *ist* (idg. **es-ti*, got. *ist*) + *bēoþ*; – Pl.: *sind, sint* mit *d* > *t* unter dem Schwachdruck (idg. **s-énti* < **es-*, got. *sind*); *sindon* hat *-on* von den Prät.-Präs.; *bīoþ, biþun, bioþon* (mit *u*-Umlaut nach § 32, 3) sind nach dem Sg. gebildet.

2. Das Verbum 'tun'.

a) Präsens.

	Indikativ. Ws.	Angl.	Optativ. Ws.	Angl.	Imperativ. Ws.	Angl.
Sg. *ič*	*dō*	*dōm*	*dō*	*dō, doe, dōa*		
þū	*dēst*	*dēst, dœ̄s(t)*	*dō*	*dō, doe, dōa*	*dō*	*dō, dōa*
hē..	*dēþ*	*dēþ, dœ̄þ, -s*	*dō*	*dō, doe, dōa*		
Pl. *wē..*	*dōþ*	*dōþ, dōaþ, -s*	*dōn*	*dōn, doe(n)*	*dōn*	*dōn*
					dōþ	*dōaþ*

	Infinitiv.		Particip.	
	dōn	*dōn, dōa(n)*	*dōnde*	*dōnde, doende*
flekt.	*tō dōnne*	*dōnne, dōanne*		

b) Präteritum.

	Indikativ.	Optativ.	Particip.
ič	*dyde*	*dyde*, (poet.) *dǣde*	*ʒedōn*, angl. *ʒedǣn, -dēn*
þū̆	*dydes(t)*	*dyde*	
hē̆..	*dyde*	*dyde*	
wē̆..	*dydon*, (poet.) *dēdon*, *dǣdon*	*dyden*, (poet.) *dǣden*	

3. Das Verbum 'gehen'.

Neben dem red. Verbum *ʒanʒan* (§ 76, Klasse II) steht ae. wie ahd. die Kurzform *ʒān*. Sie flektiert wie folgt (in Klammern stehen mehrfach bezeugte angl. Formen):

a) Präsens.

		Indikativ.	Optativ.	Imperativ.	Particip.
Sg.	*ič*	*ʒā* (*ʒǣ*)	*ʒā* (*ʒǣ*)		*ʒānde*
	þū̆	*ʒǣs(t)*	*ʒā*	*ʒā* (*ʒǣ*)	
	hē̆..	*ʒǣþ* (*-s*)	*ʒā*		
Pl.	*wē̆..*	*ʒāþ* (*ʒǣþ*)	*ʒān* (*ʒǣn*)	*ʒāþ* (*ʒǣþ*)	

Infinitiv.

ʒān (*ʒā, ʒǣ*), flekt. *tō ʒānne*

b) Präteritum.

Sg. *ič ēode* (*ēade*) *ēode* *ʒeʒān* (*ʒeēad*)
usw. wie *nerede* (§ 77).

4. Das Verbum 'wollen'.

Im Germanischen leben von diesem ursprünglichen Verbum auf *-mi* nur noch die Optativformen im Präs. Sg. in indikativischer Bedeutung fort ('ich möchte wollen' >

'ich will'), was im Got. besonders deutlich ist (got. Sg. Präs. *wiljau*, *wileis*, *wili*). Es wurde ae. ein neuer Optativ gebildet. Das *-t* der 2. Sg. wurde nach den Präteritopräsentia, Pl., Prät., Part. Präs. und Inf. wurden nach der I. sw. Klasse neugebildet. Die angl. Formen stehen in Klammern.

a) Präsens.

	Indikativ.	Optativ.	Infinitiv:
Sg.	*ič wille* (*willo*, *wyllo*)	*wille*, *wile* (*wælle*,	*willan*
	þŭ wilt (*wylt*)	*wille*, *wile* (*welle*)	
	hĕ.. *wile*, *wille* (§ 48, 3)	*wille*, *wile*	Particip.
	(*wil*(*l*), *wyl*)		*willende*
Pl.	*wĕ*.. *willaþ* (*wallaþ*, *-as*)	*willen* (wie Sg.)	(*wellende*)

b) Präteritum.

wolde (*walde*) usw. wie *nerede* (§ 77).

IV. Texte mit Übersetzung.

Prosa.

1. Bedas Bericht über den altenglischen Dichter Cædmon.

Wir lassen hier den lateinischen Bericht des angelsächsischen Gelehrten Beda Venerabilis (s. § 4) folgen, den er uns über den ersten mit Namen bekannten ae. (ndh.) Dichter Cædmon in seiner 'Kirchengeschichte der Angelsachsen' gibt zusammen mit einer wörtlichen lateinischen Übersetzung des ae. Preisliedes, das dieser im Kloster Streoneshalh (jetzt Whitby) um 670 gedichtet hat. Der Hymnus Cædmons, der das weltliche Preislied nach Form und Stil übernahm, eröffnet die geistliche Dichtung in ae. Sprache. Die ae. Übersetzung wurde unter König Alfred (849–900) angefertigt (s. § 9). Cædmons Hymnus wird in vier Handschriften der „Historia ecclesiastica" in ndh. Fassung überliefert (s. S. 126), von den übrigen in ws. Umschrift (s. S. 37 und 121). – „Die im Eingang unserer Textprobe genannte Äbtissin ist die um die Ausbildung des Klerus hochverdiente nordhumbrische Prinzessin Hild (614?–680), welche im Jahre 657 zu Streoneshalh, dem späteren Whitby in Yorkshire, ein Doppelkloster gründete, dem sie bis zu ihrem Tode mit außerordentlicher Klugheit vorstand. Unter ihrer Regierung trat Cædmon in bereits vorgerücktem Alter in das Kloster ein, so daß wir seine Dichtertätigkeit um 670 ansetzen dürfen" (M. Förster, S. 16).

(1) In þysse abbudissan mynstre wæs sum brōþor synderlīce mid ʒodcundre ʒife ʒemǣred ond ʒeweorþad, forþon hē ʒewunade ʒerisenlīce lēoþ wyrcan þā þe tō ǣfæstnisse ond tō ārfæstnisse belumpon, swā þætte, swā hwæt swā hē of ʒodcundum stafum þurh bōceras ʒeleornode, þæt hē æfter medmiclum fæce in scopʒereorde mid þā mǣstan swētnisse ond inbryrdnisse ʒeʒlenʒde ond in enʒliscʒereorde wel ʒeworht forþ brōhte; (2) ond for his lēoþsonʒum moniʒra monna mōd oft tō worulde forhoʒdnisse ond tō ʒeþēodnisse þæs heofonlīcan līfes onbærnde wǣron. (3) ond ēac swelce moniʒe ōþre æfter him in On-

---

(1) In dieser Äbtissin Kloster war ein Bruder besonders durch eine göttliche Gabe berühmt gemacht und ausgezeichnet, denn er pflegte schicklich Lieder zu verfassen, die sich auf Glaubensfestigkeit und auf Frömmigkeit bezogen, so daß, was auch immer er von den göttlichen Schriften durch Gelehrte lernte, er dies nach kurzem Zeitraum in dichterischer Sprache mit der größten Anmut und Begeisterung ausschmückte und in englischer Sprache wohlgefügt vorbrachte; (2) und durch seine Dichtungen waren vieler Menschen Gemüter oft zur Verachtung der Welt und zur Verbindung mit dem himmlischen Leben entflammt worden. (3) Und ebenso

---

Beda, Hist. eccl., Buch IV, Kap. 24: (1) In huius monasterio abbatissae fuit frater quidam divina gratia specialiter insignis, quia carmina religioni et pietati apta facere solebat, ita ut, quicquid ex divinis litteris per interpretes disceret, hoc ipse post pusillum verbis poeticis maxima suavitate et compunctione compositis in sua, id est Anglorum, lingua proferret. (2) Cuius carminibus multorum saepe animi ad contemptum saeculi et appetitum sunt vitae caelestis accensi. (3) Et quidem et alii post illum in gente Anglorum religiosa ȝelþēode onȝunnon ǣfæste lēoþ wyrcan, ac nǣniȝ hwæþre him þæt ȝelīce dōn meahte, (4) forþon hē nales from monnum ne þurh mon ȝelǣred wæs, þæt hē þone lēoþcræft leornade, ac hē wæs ȝodcundlīce ȝefultumod ond þurh ȝodes ȝife þone sonȝcræft onfēnȝ, (5) ond hē forþon nǣfre nōht. lēasunȝe ne īdles lēoþes wyrcan meahte, ac efne þā ān, þā þe tō ǣfestnesse belumpon ond his þā ǣfæstan tunȝan ȝedafenade sinȝan.

(6) Wæs hē, sē mon, in weoruldhāde ȝeseted oþ þā tīde, þe hē wæs ȝelȳfedre yldo, ond hē nǣfre nǣniȝ lēoþ ȝeleornade. (7) ond hē forþon oft in ȝebēorscipe, þonne þǣr wæs blisse intinȝa ȝedēmed, þæt hēo ealle sceolden þurh endebyrdnesse be hearpan sinȝan, þonne hē ȝeseah þā hearpan

---

versuchten auch viele andere nach ihm im Angelnvolke (= engl. Volk, s. § 6) fromme Gedichte zu verfertigen, aber keiner jedoch konnte ihm das gleich tun, (4) denn er war keineswegs von den Menschen noch durch einen Menschen unterwiesen worden, daß er die Dichtkunst erlernte, sondern er war von Gott unterstützt und durch Gottes Gabe empfing er die Dichtkunst, (5) und er vermochte deshalb nie etwas von Erdichtung noch von einem eitlen Liede zu verfassen, sondern eben nur die allein, die sich auf Glaubensfestigkeit bezogen und die seiner frommen Zunge zu singen geziemte.

(6) Es war dieser Mann im Laienstand befindlich (= gehörte... an) bis zu der Zeit, wo er im vorgerückten Alter war, und er hatte nie irgendein Lied gelernt. (7) Und deshalb oft beim Biergelage, wenn da aus Anlaß der Fröhlichkeit beschlossen wurde, daß sie alle der Reihe nach zur Harfe singen

---

poemata facere temptabant; sed nullus eum aequiparare potuit. (4) Namque ipse non ab hominibus neque per hominem institutus canendi artem didicit, sed divinitus adiutus gratis canendi donum accepit. (5) Unde nil umquam frivoli et supervacui poematis facere potuit, sed ea tantummodo, quae ad religionem pertinent et religiosam eius linguam decebant. (6) Siquidem in habitu saeculari usque ad tempora provectioris aetatis constitutus nil carminum aliquando didicerat. (7)Unde nonnumquam in convivio, cum esset laetitiae causa decretum, ut omnes per ordinem cantare deberent, ille, ubi him nēalēcan, þonne ārās hē for scome from þǣm symble ond hām ēode tō his hūse. (8) þā hē þæt þā sumre tīde dyde, þæt hē forlēt þæt hūs þæs ȝebēorscipes ond ūt wæs ȝonȝende tō nēata scypene, þāra heord him wæs þǣre neahte beboden, þā hē þā þǣr in ȝelimplīce tīde his leomu on reste ȝesette ond onslǣpte, þā stōd him sum mon æt þurh swefn ond hine hālette ond ȝrētte ond hine be his noman nemde: 'Cedmon, sinȝ mē hwæthwuȝu.' (9) þā ondswarode hē ond cwæþ: 'ne con ic nōht sinȝan, ond ic forþon of þyssum ȝebēorscipe ūt ēode ond hider ȝewāt, forþon ic nāht sinȝan ne cūþe.' (10) eft hē cwæþ, sē þe mid him sprecende wæs: 'hwæþre þū mē meaht sinȝan.' (11)

---

sollten, dann stand er, wenn er die Harfe sich ihm nähern sah, aus Scham auf von dem Gastmahl und ging heim zu seinem Hause. (8) Als er das nun zu einer gewissen Zeit (wieder) tat, daß er das Haus des Biergelages verließ und hinausging zum Stall der Rinder, deren Bewachung ihm in jener Nacht aufgetragen war, (und) als er da nun zur angemessenen Zeit seine Glieder auf die Lagerstätte gelegt hatte und eingeschlafen war, da erschien ein Mann vor ihm im Traume und begrüßte ihn und redete ihn an und nannte ihn bei seinem Namen: „Cædmon, sing mir irgend etwas." (9) Da antwortete er und sprach: „Nicht kann ich irgend etwas singen, und deshalb ging ich von diesem Biergelage hinaus (fort) und begab mich hierher, denn ich konnte nichts singen." (10) Wieder sagte er, der mit ihm sprach: „Dennoch kannst du mir singen." (11) Er

---

appropinquare sibi citharam cernebat, surgebat a media cena et egressus ad suam domum repedabat. (8) Quod dum tempore quodam faceret et relicta domu convivii egressus esset ad stabula iumentorum, quorum ei custodia nocte illa erat delegata, ibique hora competenti membra dedisset sopori, adstitit ei quidam per somnium eumque salutans, ac suo appellans nomine: 'Cedmon', inquit, 'canta mihi aliquid.' (9) At ille respondens: 'Nescio', inquit, 'cantare; nam et ideo de convivio egressus huc secessi, quia cantare non poteram.' (10) Rursum ille, qui cum eo loquebatur: 'Attamen', ait, cwæþ hē: 'hwæt sceal ic sinȝan?' (12) cwæþ hē: 'sinȝ mē frumsceaft'. (13) þā hē þā þās andsware onfēnȝ, þā onȝon hē sōna sinȝan in herenesse ȝodes scyppendes þā fers ond þā word, þe hē næfre ne ȝehȳrde, þǣra endebyrdnes þis is:

(14) nū sculan heriȝean heofonrīces weard,
meotodes meahte ond his mōdȝeþanc,
weorc wuldorfæder, swā hē wundra ȝehwæs,
ēce drihten, ōr onstealde.
hē ǣrest sceōp eorþan bearnum
heofon tō hrōfe, hāliȝ scyppend:
þā middanȝeard moncynnes weard,

---

sagte: „Was soll ich singen?" (12) Sprach er: „Singe mir die Schöpfung." (13) Als er da diese Antwort empfangen hatte, da begann er bald zu singen zum Preise Gottes des Schöpfers die Verse und die Worte, die er nie gehört hatte, deren Anordnung dies ist:[1])

(14) Nun wollen wir preisen des Himmelreichs Wächter,
Des Schöpfers Macht und seine Vorbedacht,
Das Werk des himmlischen Vaters, wie er zu einem jeden der Wunder,
Der ewige Herr, den Anfang setzte.
Er schuf zuerst den Menschenkindern
Den Himmel zum Dache, der heilige Schöpfer;
Danach errichtete der Hüter des Menschengeschlechts,

'cantare habes.' (11) 'Quid', inquit, 'debeo cantare?' (12) Et ille: 'Canta', inquit, 'principium creaturarum.' (13) Quo accepto responso statim ipse coepit cantare in laudem Dei conditoris versus, quos numquam audierat, quorum iste est sensus:

(14) 'Nunc laudare debemus auctorem regni caelestis, potentiam creatoris et consilium illius, facta patris gloriae, quomodo ille, cum sit aeternus Deus, omnium miraculorum auctor extitit, qui primo filiis hominum caelum pro culmine tecti, dehinc terram custos humani generis omnipotens creavit.'

---

[1]) Vgl. das nordhumbrische Original auf S. 126.

ēce drihten, æfter tēode
fīrum foldan, frēa ælmihtiȝ.

(15) þā ārās hē from þǣm slǣpe ond eal, þā þe hē slǣpende sonȝ, fæste in ȝemynde hæfde ond þǣm wordum sōna moniȝ word in þæt īlce ȝemet ȝode wyrþes sonȝes tō ȝeþēodde. (16) þā cōm hē on morȝenne tō þǣm tūnȝerēfan, sē þe his ealdormon wæs, sæȝde him, hwylce ȝife hē onfēnȝ, ond hē hine sōna tō þǣre abbudissan ȝelǣdde ond hire þæt cȳþde ond sæȝde. (17) þā heht hēo ȝesomnian ealle þā ȝelǣredestan men ond þā leorneras ond him andweardum hēt secȝan þæt swefn ond þæt lēoþ sinȝan, þætte ealra heora dōme ȝecoren wǣre, hwæt oþþe hwonon þæt cumen

---

Der ewige Herr, den Erdkreis,
Den Menschen die Erde, der allmächtige Gebieter.

(15) Da erhob er sich aus dem Schlafe, und alles, was er schlafend gesungen hatte, hatte er fest im Gedächtnis, und den Worten fügte er bald manches Wort in derselben angemessenen Weise eines gottwürdigen Gesanges hinzu. (16) Da kam er am Morgen zu dem Ortsverwalter, der sein Vorgesetzter war, sagte ihm, welche Gabe er empfangen hatte, und dieser führte ihn alsbald zu der Äbtissin und tat ihr das kund und erzählte (es). (17) Da hieß sie alle die gelehrtesten Männer und Gelehrten sich versammeln, und in ihrer Gegenwart hieß sie jenen Traum erzählen und jenes Lied singen, damit durch ihrer aller Urteil entschieden würde, was es

---

(Hic est sensus, non autem ordo ipse verborum, quae dormiens ille canebat; neque enim possunt carmina, quamvis optime composita, ex alia in aliam linguam ad verbum sine detrimento sui decoris ac dignitatis transferri.)

(15) Exsurgens autem a somno cuncta, quae dormiens cantaverat, memoriter retinuit et eis mox plura in eundem modum verba Deo digni carminis adiunxit. (16) Veniensque mane ad vilicum, qui sibi praeerat, quid doni percepisset, indicavit atque ad abbatissam perductus (17) iussus est multis doctioribus viris praesentibus indicare somnium et dicere carmen, ut universorum iudicio, quid vel unde esset, quod

wǣre. (18) þā wæs him eallum ʒeseʒen, swā swā hit wæs, þæt him wǣre from drihtne sylfum heofonlīc ʒifu forʒifen. (19) þā rehton hēo him ond sæʒdon sum hāliʒ spell ond ʒodcundre lāre word, bebudon him þā, ʒif hē meahte, þæt hē in swinsunʒe lēoþsonʒes þæt ʒehwyrfde. (20) þā hē þā hæfde þā wīsan onfonʒne, þā ēode hē hām tō his hūse ond cwōm eft on morʒen ond þȳ betstan lēoþe ʒeʒlenʒed him āsonʒ ond āʒeaf, þæt him beboden wæs.

(21) þā onʒan sēo abbudisse clyppan ond lufiʒean þā ʒodes ʒife in þǣm men, ond hēo hine þā monade ond lǣrde, þæt hē woruldhād forlēte ond munuchāde onfēnʒe. (22) ond hē þæt wel þafode, ond hēo hine in þæt mynster on-

---

(wäre) oder woher es gekommen wäre. (18) Da wurde von ihnen allen erachtet, so wie es (wirklich) war, daß ihm von dem Herrn selber die himmlische Gabe verliehen wäre. (19) Da erklärten und erzählten sie ihm eine heilige Geschichte und Worte der göttlichen Lehre, trugen ihm dann auf, wenn er könnte, daß er das in den Wohllaut einer Dichtung umwandelte. (20) Als er da den Auftrag empfangen hatte, da ging er heim zu seinem Hause und kam wieder am Morgen, und mit dem besten Gedichte geschmückt, trug er ihnen vor und gab wieder, was ihm aufgetragen war.

(21) Da begann die Äbtissin zu schätzen und zu lieben die Gottesgabe in dem Mann, und sie ermahnte und belehrte ihn da, daß er den Laienstand aufgäbe und den Mönchsstand annähme. (22) Und er billigte das wohl, und sie nahm ihn in das Kloster auf mit seiner Habe und gesellte ihn zu der Schar der Diener Gottes und ließ ihn unterrichten in der Erzählung

---

referebat, probaretur. (18) Visumque est omnibus caelestem ei a domino concessam esse gratiam. (19) Exponebantque illi quemdam sacrae historiae sive doctrinae sermonem, praecipientes eum, si posset, hunc in modulationem carminis transferre. (20) At ille suscepto negotio abiit et mane rediens optimo carmine, quod iubebatur, compositum reddidit.

(21) Unde mox abbatissa amplexata gratiam Dei in viro, saecularem illum habitum relinquere et monachicum suscipere propositum docuit. (22) Susceptumque in monasterium cum omnibus suis fratrum cohorti adsociavit iussitque illum

fēnȝ mid his ȝōdum ond hine ȝeþēodde tō ȝesomnunȝe þāra ȝodes þēowa ond heht hine lǣran þæt ȝetæl þæs hālȝan stæres ond spelles. (23) ond hē eal, þā hē in ȝehȳrnesse ȝeleornian meahte, mid hine ȝemyndȝade ond, swā swā clǣne nēten, eodorcende in þæt swēteste lēoþ ȝehwerfde. (24) ond his sonȝ ond his lēoþ wǣron swā wynsumu tō ȝehȳranne, þætte þā seolfan his lārēowas æt his mūþe writon ond leornodon. (25) sonȝ hē ǣrest be middanȝeardes ȝesceape ond bī fruman moncynnes ond eal þæt stær Genesis (þæt is **sēo** ǣreste Mōyses bōc), ond eft bī ūtȝonȝe Israhēla folces of Ǣȝypta londe ond bī inȝonȝe þæs ȝehātlandes ond bī ōþrum moneȝum spellum þæs hālȝan ȝewrites cānones bōca ond bī Crīstes menniscnesse ond bī his þrōwunȝe ond bī his upāstīȝnesse in heofonas ond bī þæs

der heiligen Geschichte und des Evangeliums. (23) Und er behielt (bei sich) alles im Gedächtnis, was er nach dem Gehör kennenlernen konnte, und gleichsam wie ein reines Tier wandelte er es wiederkäuend in das lieblichste Lied um. (24) Und sein Gesang und seine Lieder waren so wonnesam anzuhören, daß seine Lehrer dieselben von seinem Munde aufschrieben und lernten. (25) Er sang zuerst von der Schöpfung der Erde und von dem Anfang des Menschengeschlechts und die ganze Geschichte der Genesis (das ist das erste Buch Mose), und danach vom Auszug des Volkes Israel aus dem Lande der Ägypter [= Exodus] und vom Einzuge in das gelobte Land und von vielen anderen Erzählungen der kanonischen Bücher der heiligen Schrift und von Christi Menschwerdung und von seinem Leiden und von seinem Aufstieg in den Himmel (= seiner Himmelfahrt) und von des heiligen

seriem sacrae historiae doceri. (23) At ipse cuncta, quae audiendo discere poterat, rememorando secum et quasi mundum animal ruminando in carmen dulcissimum convertebat. (24) suaviusque resonando doctores suos vicissim auditores sui faciebat. (25) Canebat autem de creatione mundi et origine humani generis et tota Genesis historia, de egressu Israel ex Aegypto et ingressu in terram repromissionis, de aliis plurimis sacrae scripturae historiis, de incarnatione dominica, passione, resurrectione et ascensione in caelum, de spiritus hālʒan ʒāstes cyme ond þāra apostola lāre (26) ond eft bī þǣm eʒe þæs tōweardan dōmes ond bī fyrhtu þæs tintreʒlīcan wītes ond bī swētnesse þæs heofonlecan rīces hē moniʒ lēoþ ʒeworhte, ond swelce ēac ōþer moniʒ be þǣm ʒodcundum fremsumnessum ond dōmum hē ʒeworhte. (27) on eallum þǣm hē ʒeornlīce ʒēmde, þæt hē men ātuʒe from synna lufan ond māndǣda ond tō lufan ond tō ʒeornfulnesse āwehte ʒōdra dǣda. (28) forþon hē wæs, sē mon, swīþe ǣfæst ond reʒollecum þēodscipum ēaþmōdlīce underþēoded, ond wiþ þǣm, þā þe on ōþre wīsan dōn woldon, hē wæs mid welme micelre ellenwōdnisse onbærned; (29) ond hē forþon fæʒre ende his līf betȳnde ond ʒeendade[1]).

Geistes Ankunft und der Apostel Lehre, (26) und ferner verfaßte er manches Lied von dem Schrecken des zukünftigen Gerichtes und von dem Grauen der qualvollen Strafe und der Lieblichkeit des himmlischen Reiches, und ebenso machte er auch manches andere über die göttlichen Wohltaten und Gerichte. (27) In allen diesen strebte er eifrig danach, daß er die Menschen abzöge von der Liebe (der) zu Sünden und Freveltaten und sie ermunterte zur Liebe und zum Eifer (der) zu guten Taten. (28) Denn (er) es war dieser Mann sehr fromm und den von der Regel vorgeschriebenen Satzungen demütig ergeben, und gegen die, welche auf andere Weise handeln wollten, war er mit der Glut großen Eifers entbrannt; (29) und deshalb beschloß und beendete er sein Leben mit einem schönen Ende.

sancti adventu et apostolorum doctrina. (26) Item de terrore futuri iudicii et horrore poenae gehennalis ac dulcedine regni caelestis multa carmina faciebat; sed et alia perplura de beneficiis et iudiciis divinis, (27) in quibus cunctis homines ab amore scelerum abstrahere, ad dilectionem vero et solertiam bonae actionis excitare curabat. (28) Erat enim vir multum religiosus et regularibus disciplinis humiliter subditus, adversum vero illos, qui aliter facere volebant, zelo magni fervoris accensus. (29) Unde et pulchro vitam suam fine conclusit.

[1]) Textabdruck nach Zupitza-Schipper; ferner bei M. Förster und Funke-Jost (mit der lat. Vorlage), F. Kluge und G. T. Flom u. a.

Das nordhumbrische Original von Cædmons Hymnus[1]).

Nū scylun herʒan hefaen-rīcaes uard,
metudæs maecti end his mōd-ʒidanc,
uerc uuldur-fadur, suē hē uundra ʒihuaes,
ēci dryctin, ōr āstelidæ.
Hē ǣrist scōp aelda barnum
heben til hrōfe, hāleʒ sce(p)pen(d);
thā middun-ʒeard mon-cynnæs uard,
ēci dryctin æfter tīadæ
fīrum foldu, frēa allmectiʒ[2]).
Primo cantavit Caedmon istud carmen.

2. Die Sachsenchronik von 867–877 (Parker Hs.).

Die Sachsenchronik ist die beste Geschichtsquelle für die ae. Zeit zwischen Beda und der normannischen Eroberung. Zugleich bietet sie das beste Beispiel für die frühe ae. Prosa. Die Darstellung ist unpersönlich. Der im folgenden abgedruckte Bericht der Parker-Chronik (früher im Besitz des Erzbischofs Parker, jetzt Corpus Christi-College, Cambridge, MS 173, folios 1–32)[3]) führt uns in zehn Jahre dramatisch bewegter ae. Geschichte, in die Zeit der Besitzergreifung Angliens durch die Skandinavier (§ 8); er zeigt uns anschaulich die verzweifelte Lage, in der sich der erst 22jährige westsächsische König Alfred (§ 9) bei seinem Regierungsantritt (871) befand. Es ist eine Zeit tiefgehender Umgestaltung altenglischer Verhältnisse.

---

1) A. H. Smith, Three Northumbrian Poems, London 1933. (Methuen's Old English Library A. 1.). Repr. 1968. — Charles W. Kennedy, The Caedmon Poems Translated into English Prose, London 1916, repr. by Peter Smith, Gloucester, Mass., 1965.

2) Ins Wörterbuch haben wir nur die Wortformen der vorausgehenden ws. Fassung (S. 121f.) aufgenommen.

3) Abdruck bei A. H. Smith, The Parker Chronicle (832—900), London 1935. (Methuen's Old English Library B 1.) Daselbst alles Nähere. Die sog. Parker Hs. ist die älteste von sieben Handschriften der Sachsenchronik (ags. Annalen), die bis zum Jahre 1154 reicht. Ausgabe (mit Übersetzung) von C. Plummer, Oxford 1892. Eine Übersetzung findet sich auch in der 'Everyman's Library'. — D. Whitelock et al. (Transl.), The Anglo-Saxon Chronicle, London 1962. — C. Sprockel, The Language of the Parker Chronicle, The Hague 1965. — A. Shannon, Syntax of the Parker MS from 734—891, The Hague 1964.

Anno 867. (1) Hēr fōr sē here of Ēastenȝlum ofer Humbre mūþan tō Eoforwīcceastre on Norþhymbre. (2) And þǣr wæs micel unȝeþuǣrnes þǣre þēode betweox him selfum and hīe hæfdun hiera cyninȝ āworpenne Osbryht and unȝecyndne cyninȝ underfēnȝon Ællan; (3) and hīe late on ȝēare tō þām ȝecirdon, þæt hīe wiþ þone here winnende wǣrun, and hīe þēah micle fierd ȝeȝadrodon and þone here sōhton æt Eoforwīcceastre and on þā ceastre brǣcon, and hīe sume inne wurdon. (4) and þǣr was unȝemetlīc wæl ȝeslæȝen Norþanhymbra, sume binnan, sume būtan, and þā cyninȝas bēȝen ofslæȝene, and sīo lāf wiþ þone here friþ nam. (5) And þȳ īlcan ȝēare ȝefōr Ealchstān biscop and hē hæfde þæt biscoprīce L winter æt Scīreburnan, and his līc līþ þǣr on tūne.

Anno 868. (6) Hēr fōr sē īlca here innan Mierce tō

---

867. (1) Hier zog das (Wikinger-)Heer von Ostanglien über die Humbermündung nach York in Nordhumbrien. (2) Und dort herrschte große Zwietracht des Volkes untereinander, und sie hatten ihren König Osbryht gestürzt und den unrechtmäßigen König Ælla aufgenommen; (3) und sie (wohl Osbryht und Ælla)[1]) wandten sich spät im Jahre dazu, daß sie gegen das (Wik.) Heer kämpfend waren (= sich mit dem Heer in einen Kampf einließen), und sie sammelten dennoch ein großes Heer und griffen das (Wik.) Heer bei York an und brachen in die Stadt ein, und einige von ihnen waren darin. (4) Und da wurde ein ungeheures Gemetzel unter den Nordhumbriern geschlagen (angestellt) drinnen und draußen und die Könige beide erschlagen, und der Rest schloß mit dem (Wik.) Heere Frieden. (5) Und in demselben Jahre starb Bischof Ealchstan, und er hatte das Bistum 50 Jahre in Sherborne (Dorset)[2]) innegehabt; und sein Leichnam ruht dort in der Stadt.

868. (6) Hier zog dasselbe Heer in Mercien ein nach Not-

---

[1]) Vgl. Simeon von Durham, Historia Regum (Surtees Society 51), 48: „discordia illa sedata est; rex vero Osbryht et Alla, adunatis viribus, congregatoque exercitu, Eboracum adeunt oppidum."

[2]) Vgl. zu den hier genannten Orten die Karte auf S. 10.

Snotenȝahām and þǣr wintersetl nāmon. (7) And Burȝrǣd Miercna cyninȝ and his wiotan bǣdon Æþered Westseaxna cyninȝ and Ælfred his brōþur, þæt hīe him ȝefultumadon, þæt hīe wiþ þone here ȝefuhton. (8) And þā fērdon hīe mid Wesseaxna fierde innan Mierce oþ Snotenȝahām. (9) and þone here þǣr mētton on þām ȝeweorce *and hīe hine inne besǣton*[1]). (10) and þǣr nān hefelīc ȝefeoht ne wearþ and Mierce friþ nāmon wiþ þone here.

Anno 869. (11) Hēr fōr sē here eft tō Eoforwīcceastre and þǣr sæt i ȝēar.

Anno 870. (12) Hēr rād sē here ofer Mierce innan Ēastenȝle and wintersetl nāmon æt þēodforda. (13) And þȳ wintre Ēadmund cyninȝ him wiþfeaht. (14) and þā Deniscan siȝe nāmon and þone cyninȝ ofslōȝon and þæt lond all ȝeēodon.

(15) And þȳ ȝēare ȝefōr Cēolnōþ ærcebiscop.

Anno 871. (16) Hēr cuōm sē here tō Rēadinȝum on

tingham und nahm (bezog) dort Winterquartier. (7) Und Burgræd, der König der Mercier, und seine Ratgeber baten Æthered, den König der Westsachsen, und Alfred, seinen Bruder, daß sie ihnen hülfen, daß sie gegen das (Wik.) Heer kämpften (= gegen das Heer zu kämpfen). (8) Und da zogen sie mit dem Heer der Westsachsen nach Mercien hinein bis Nottingham. (9) Und das (Wik.) Heer trafen sie dort in dem Festungswerk, und sie belagerten es darin. (10) Und da fand kein schwerer Kampf statt, und die Mercier schlossen mit dem (Wik.) Heere Frieden.

869. (1) Hier zog das Heer wieder nach York und lagerte dort ein Jahr.

870. (12) Hier ritt das Heer über Mercien nach Ostanglien und bezog Winterquartier in Thetford (Norf.). (13) Und in diesem Winter kämpfte König Eadmund gegen es. (14) Und die Dänen errangen den Sieg und erschlugen den König und überrannten (eroberten) das ganze Land.

(15) Und in diesem Jahre starb Erzbischof Ceolnoth.

871. (16) Hier kam das Heer nach Reading (Berks.) in

[1]) Das kursiv Gedruckte ist nach anderen Handschriften ergänzt.

Westseaxe and þæs ymb iii niht ridon ii eorlas up. (17) þā ʒemētte hīe Æþelwulf aldorman on Enʒlafelda and him þǣr wiþ ʒefeaht and siʒe nam. (18) þæs ymb iiii niht Æþered cyninʒ and Ælfred his brōþur þǣr micle fierd tō Rēadinʒum ʒelǣddon and wiþ þone here ʒefuhton, and þǣr wæs micel wæl ʒeslæʒen on ʒehwæþre hond and Æþelwulf aldormon wearþ ofslæʒen and þā Deniscan āhton wælstōwe ʒewald. (19) And þæs ymb iiii niht ʒefeaht Æþered cyninʒ and Ælfred his brōþur wiþ alne þone here on Æscesdūne, and hīe wǣrun on twǣm ʒefylcum; on ōþrum wæs Bachsecʒ and Halfdene þā hǣþnan cyninʒas and on ōþrum wǣron þā eorlas. (20) and þā ʒefeaht sē cyninʒ Æþered wiþ þāra cyninʒa ʒetruman – and þǣr wearþ sē cyninʒ Baʒsecʒ ofslæʒen – and Ælfred his brōþur

Wessex und drei Nächte[1]) danach ritten zwei Fürsten heran. (17) Da traf sie Fürst Æthelwulf in Englefield (Berks.) und kämpfte dort gegen sie und errang den Sieg. (18) Vier Nächte danach führten König Æthered und sein Bruder Alfred dort ein großes Heer nach Reading und kämpften gegen das (Wik.) Heer, und da wurde ein großes Gemetzel auf beiden Seiten angerichtet, und Fürst Æthelwulf wurde erschlagen, und die Dänen hatten die Herrschaft über die Walstatt (= bedeckten das Schlachtfeld). (19) Und vier Nächte danach kämpfte(n)[2]) König Æthered und sein Bruder Alfred gegen das ganze Heer in Ashdown, und sie waren in zwei Abteilungen; auf der einen war(en)[2]) Bachsecg und Halfdene[3]), die heidnischen Könige, und auf der anderen waren die Fürsten. (20) Und da kämpfte der König Æthered gegen die Truppe der Könige – und da wurde der König Bagsecg erschlagen – und sein Bru-

[1]) Über die altgerm. Zählung nach Nächten statt nach Tagen berichtet Tacitus, Germ. 11: „nec dierum numerum, ut nos, sed noctium computant"; vgl. ne. *sennight*, *fortnight*. Ähnlich zählte man die Jahre nach Wintern.

[2]) Solche Fälle von Inkongruenz zwischen Subjekt und Prädikat, zumal wenn letzteres vorausgeht, sind im Ae. häufig (vgl. Stoelke, Anglistische Forschungen, hsg. von J. Hoops, Bd. 49); sie finden sich auch in allen anderen Sprachen.

[3]) Über die Namen der dänischen Führer vgl. E. Björkman, Zur englischen Namenkunde, Halle 1910, 1912, und S. 30[3].

wiþ þāra eorla ȝetruman – and þǣr wearþ Sidroc eorl ofslæȝen sē alda and Sidroc eorl sē ȝiongȝa and Osbearn eorl and Frǣna eorl and Hareld eorl; and þā herȝas bēȝen ȝeflīemde – and fela þūsenda ofslæȝenra – and onfeohtende wǣron oþ niht. (21) And þæs ymb xiiii niht ȝefeaht Æþered cyninȝ and Ælfred his brōþur wiþ þone here æt Basenȝum, and þǣr þā Deniscan siȝe nāmon. (22) And þæs ymb ii mōnaþ ȝefeaht Æþered cyninȝ and Ælfred his brōþur wiþ þone here æt Meretūne – and hīe wǣrun on tuǣm ȝefylcium – and hīe būtū ȝeflīemdon and lonȝe on dæȝ siȝe āhton; (23) and þǣr wearþ micel wælsliht on ȝehwæþere hond and þā Deniscan āhton wælstōwe ȝewald; and þǣr wearþ Hēahmund biscop ofslæȝen and fela ȝōdra monna. (24) And æfter þissum ȝefeohte cuōm micel

der Alfred gegen die Truppe der Fürsten – und da wurde Fürst Sidroc der Ältere erschlagen und Fürst Sidroc der Jüngere und Fürst Osbearn und Fürst Fræna und Fürst Hareld; und die Heere waren (wurden) beide in die Flucht geschlagen – und viele Tausende von Erschlagenen (waren da) – und sie kämpften bis in die Nacht hinein. (21) Und vierzehn Nächte danach kämpften König Æthered und sein Bruder Alfred gegen das (Wik.) Heer bei Basing (Hants), und dort errangen die Dänen den Sieg. (22) Und zwei Monate danach kämpften König Æthered und sein Bruder Alfred gegen das (Wik.) Heer bei Meretun – und sie waren in zwei Abteilungen – und sie schlugen beide in die Flucht, und den ganzen Tag lang hatten sie den Sieg (= waren sie siegreich); (23) und da ward ein großer tödlicher Kampf auf beiden Seiten, und die Dänen hatten die Herrschaft über die Walstatt (= lagen auf dem Schlachtfeld)[1]); und da wurde Bischof Heahmund erschlagen und viele gute Männer. (24) Und nach diesem Kampfe kam ein großes Sommerheer

[1]). Bei dieser Übersetzung lösen sich Smiths Zweifel, a. a. O. S. 18 unten: "there is an apparent contradiction in the Danes being put to flight and yet gaining possession of the battlefield" ohne weiteres auf; vgl. dazu Beowulf Vers 1214a: *hrēawīc hēoldon* = hatten die Leichenstätte inne = lagen auf dem Schlachtfeld (Hoops, Kommentar).

sumorlida. (25) And þæs ofer ēastron ȝefōr Æþered cyninȝ – and hē rīcsode v ȝēar, and his līc līþ æt Wīnburnan.

(26) þā fēnȝ Ælfred Æþelwulfinȝ his brōþur tōWesseaxna rīce; and þæs ymb ānne mōnaþ ȝefeaht Ælfred cyninȝ wiþ alne þone here lȳtle werede æt Wīltūne and hine lonȝe on dæȝ ȝeflīemde, and þā Deniscan āhton wælstōwe ȝewald.

(27) And þæs ȝēares wurdon viiii folcȝefeoht ȝefohten wiþ þone here on þȳ cynerīce besūþan Temese, būtan þām þe him Ælfred þæs cyninȝes brōþur and ānlīpiȝ aldormon and cyninȝes þeȝnas oftrade onridon, þe mon nā ne rīmde. (28) And þæs ȝēares wǣrun ofslæȝene viiii éorlas and ān cyninȝ. (29) And þȳ ȝēare nāmon Westseaxe friþ wiþ þone here.

Anno 872. (30) Hēr fōr sē here tō Lundenbyriȝ from Rēadinȝum and þǣr wintersetl nam; and þā nāmon Mierce friþ wiþ þone here.

---

(25) Und nach Ostern starb König Æthered – und er hatte fünf Jahre regiert, und sein Leichnam ruht in Wimborne (Dorset).

(26) Da trat sein Bruder Alfred Æthelwulfing die Regierung über Wessex an; und einen Monat danach kämpfte König Alfred gegen das ganze (Wik.) Heer mit einer kleinen Schar bei Wilton (Wilts.) und schlug es den ganzen Tag lang in die Flucht, und die Dänen hatten die Herrschaft über die Walstatt (= bedeckten das Schlachtfeld).

(27) Und in diesem Jahre wurden neun Schlachten gegen das (Wik.) Heer geschlagen in dem Königreich südlich der Themse, außer denen, welche ihnen Alfred, des Königs Bruder, und ein einzelner Fürst und des Königs Gefolgsmannen häufig lieferten, die man nicht aufzählen kann. (28) Und in diesem Jahre wurden neun Fürsten und ein König erschlagen. (29) Und in diesem Jahre schlossen die Westsachsen mit dem (Wik.) Heere Frieden.

872. (30) Hier zog das (Wik.) Heer von Reading nach London und bezog dort Winterquartier; und da schlossen die Mercier Frieden mit dem Heere.

Anno 873. (31) Hēr fōr sē here on Norþhymbre and hē nam wintersetl on Lindesse æt Turecesīeȝe, and þā nāmon Mierce friþ wiþ þone here.

Anno 874. (32) Hēr fōr sē here from Lindesse tō Hreopedūne and þǣr wintersetl nam. (33) and þone cyninȝ Burȝrǣd ofer sǣ ādrǣfdon ymb xxii wintra þæs þe hē rīce hæfde and þæt lond all ȝeēodon; (34) and hē fōr tō Rōme and þǣr ȝesæt and his līc līþ on Sancta Marian ciricean on Anȝelcynnes scōle. (35) And þӯ īlcan ȝēare hīe sealdon *Cēolwulfe* ānum unwīsum cyninȝes þeȝne Miercna rīce tō haldanne, and hē him āþas swōr and ȝīslas salde, þæt hē him ȝearo wǣre swā hwelce dæȝe swā hīe hit habban wolden and hē ȝearo wǣre mid him selfum and on allum þām þe him lǣstan woldon tō þæs heres þearfe.

Anno 875. (36) Hēr fōr sē here from Hreopedūne. (37) and Healfdene fōr mid sumum þām here on Norþhymbre

---

873. (31) Hier zog das (Wik.) Heer nach Nordhumbrien, und es bezog Winterquartier in Lindsey (Lincs.) bei Torksey (Lincs.), und darauf schlossen die Mercier Frieden mit dem Heere.

874. (32) Hier zog das Heer von Lindsey nach Repton (Derby) und bezog dort Winterquartier. (33) Und den König Burgræd vertrieben sie über das Meer, nachdem er zweiundzwanzig Jahre die Regierung geführt hatte und überrannten (eroberten) das ganze Land; (34) und er ging nach Rom und ließ sich dort nieder, und sein Leichnam ruht in der Sankt Marienkirche in dem Engländerviertel (Roms). (35) Und in demselben Jahre übergaben sie Ceolwulf, einem törichten Gefolgsmann des Königs, das Reich der Mercier zu regieren, und er schwur ihnen Eide und gab Geiseln, daß er für sie bereit wäre, an welchem Tage auch immer sie es haben wollten, und (daß) er bereit wäre mit sich selbst und allen denen, die ihm für die Sache des (Wik.) Heeres Folge leisten wollten.

875. (36) Hier zog das (Wik.) Heer von Repton fort. (37) Und Healfdene zog mit einem Teil des Heeres nach Nord-

and nam wintersetl be Tīnan þǣre ēi. (38) and sē here þæt lond ʒeēode and oft herʒade on Peohtas and on Stræcled-Walas. (39) And fōr Godrum and Oscytel and Anwynd, þā iii cyninʒas, of Hreopedūne tō Grantebrycʒe mid micle here and sǣton þǣr ān ʒēar. – (40) And þȳ sumera fōr Ælfred cyninʒ ūt on sǣ mid sciphere and ʒefeaht wiþ vii sciphlæstas and hiera ān ʒefēnʒ and þā ōþru ʒeflīemde.

Anno 876. (41) Hēr hiene bestæl sē here intō Werhām Wesseaxna fierde, and wiþ þone here sē cyninʒ friþ nam. (42) *And him þā ʒīslas sealdon, þe on þām here weorþoste wǣron* and him þā āþas swōron on þām hālʒan bēaʒe – þe hīe ǣr nānre þēode noldon – þæt hīe hrædlīce of his rīce fōren. (43) and hīe þā under þām hīe nihtes bestǣlon þǣre

---

humbrien und bezog Winterquartier an dem Flusse Tyne. (38) Und das Heer überrannte das Land und plünderte oft bei den Pikten und Strathclyde-Briten. (39) Und es zog(en) Godrum und Oscytel und Anwynd, die drei Könige, von Repton nach Cambridge mit einem großen Heere und lagerten dort ein Jahr. – (40) Und in diesem Sommer fuhr König Alfred mit einem Schiffsheer (einer Flotte) hinaus auf das Meer und kämpfte gegen sieben Schiffslasten (Besatzungen) und nahm eine von ihnen gefangen, und die anderen (Schiffe) schlug er in die Flucht.

876. (41) Hier stahl sich das (Wik.) Heer vor dem Heere der Westsachsen nach Wareham (Dorset) fort, und der König schloß mit dem (Wik.) Heere Frieden. (42) Und sie gaben ihm die Geiseln, die in dem Heere am wertvollsten waren, und schwuren ihm die Eide über dem heiligen Ringe[1]) – die sie ehedem keinem Volke (zu schwören) pflegten – daß sie eilends aus seinem Reiche ziehen würden. (43) Und sie, das berittene (Wik.) Heer, stahlen sich dann unter diesen (Bedingungen) nachts vor dem (westsächs.) Heere nach Exeter (Devon)

---

[1]) der im heidnischen Tempel aufbewahrt wurde und auf den besonders in skand. Quellen angespielt wird (s. J. Hoops, Reallexikon, unter 'Eid').

fierde, sē ʒehorsoda here, intō Escanceaster. — (44) And þȳ ʒēare Healfdene Norþanhymbra lond ʒedǣlde, and erʒende wǣron and hiera tilʒende.

Anno 877. (45) Hēr cuōm sē here intō Escanceastre from Werhām, and sē sciphere siʒelede west ymbūtan; and þā mētte hīe micel ȳst on sǣ; and þǣr forwearþ cxx scipa æt Swanawīc. (46) and sē cyninʒ Ælfred æfter þām ʒehorsudan here mid fierde rād oþ Exanceaster. (47) and hīe hindan ofrīdan ne meahte, ǣr hīe on þām fæstene wǣron; þǣr him mon tō ne meahte. (48) and hīe him þǣr foreʒīslas saldon — swā fela swā hē habban wolde — and micle āþas swōron and þā ʒōdne friþ hēoldon. (49) and þā on hærfeste ʒefōr sē here on Miercna lond and hit ʒedǣldon sum and sum Cēolwulfe saldon.

---

fort. — (44) Und in diesem Jahre teilte Healfdene das Land der Nordhumbrier auf, und sie begannen zu pflügen (wörtl.: waren pflügend) und für sich (selber) zu sorgen[1]).

877. (45) Hier kam das (Wik.) Heer von Wareham nach Exeter, und die (Wik.) Flotte segelte nach Westen ringsherum (= die Küste entlang); und da traf sie ein großer Sturm auf dem Meere; und da ging(en)[2]) 120 Schiffe bei Swanage (Dorset) unter. (46) Und der König Alfred ritt mit einem Heere dem berittenen (Wik.) Heer bis Exeter nach. (47) Und er konnte sie von hinten nicht einholen, bevor sie in der Festung waren; dort konnte man nicht an sie heran. (48) Und dort gaben sie ihm vornehme Geiseln — so viele wie er haben wollte — und schwuren viele Eide und hielten da guten Frieden. (49) Und im Herbst zog dann das (Wik.) Heer in das Land der Mercier ab, und sie teilten es zum Teil auf, und den Rest überließen sie Ceolwulf.

---

[1]) Die erste Nachricht über Ansiedlung von Skandinaviern in England. — Zur ae. 'expanded form' vgl. S. 102[1].

[2]) Vgl. S. 129[4].

V. Wörterbuch.

Mit Vorsilben zusammengesetzte Wörter (außer *un-*) suche man unter dem Grundwort. Im Alphabet folgt *æ* auf *a*, *þ* auf *t*. Die Buchstaben hinter einem Subst. bezeichnen Geschlecht und Stammbildung (k = konsonantisch), hinter einem Verb die Konjugation; die Zahlen ebenda die Ablautsreihen und schwachen Klassen (vgl. Holthausen, Beowulf-Ausgabe, II. Teil). Das Paradigma für die Bezeichnungen ma. und na. findet sich z. B. in § 53, für fō. in § 55, für fk.[1] in § 59, für mk.[4] in § 62; abl. I. usw. weist auf § 75, red. I. usw. auf § 76, sw. I. usw. auf § 77, Prt. Prs. I. usw. auf § 78.

a, *ō* immer; got. *aiw* (A. von *aiws* Zeit)

ā- Präf. er-, z. B. in *-rīsan*; afr. as. ahd. *ā-*

abbudisse fk.[1] Äbtissin; ne. *abbess*, < lat. *abbātissa*

ac sondern, aber, (je)doch; got. *ak*, vgl. lat. *age* wohlan!

āȝan Prt. Prs. I. (zu eigen) haben, besitzen; ne. *owe*, got. *aigan*

āhte, *-on* s. *āȝan*

ald- s. *eald-*

al(l) s. *eal(l)*

ān (§§ 21, 3; 74a) ein, einzig, allein

and und; ne. *and*, as. *ande*, *endi*

andswaru fō. Antwort; ne. *answer*, zu *swerian*

andswerian (§ 47) sw. II. antworten; ne. *answer*, zu *andswaru*

andweard gegenwärtig, anwesend; got. *andwairþs*

him ~um in ihrer Gegenwart

Anȝelcynn nja. Angelnvolk (= englisches Volk, England, s. § 6); *~þēod* fō. dass.

ānlēpe (angl.), *-lī(e)pe* (ws.) einzeln, einzig; zu *hlēapan*

ānlīpiȝ s. *ānlēpe*

apostol ma. Apostel; ne. *apostle*, < lat. *apostolus* < gr.

ār fō. Ehre, Gnade; aisl. *eir* Schonung, Friede

~fæstniss fjō. Frömmigkeit

āscian sw. II. fragen; ne. *ask*, ahd. *eiscōn* (nhd. *heischen* kontaminiert mit *heißen*)

āþ ma. Eid; ne. *oath*, got. *aiþs*

ǣ, *ǣw* fi. Gesetz, Religion, Bibel, Ehe; ahd. afr. *ēwa* Gesetz, Ehe; < urg. **aiwiz*; unflekt. ae. *ǣ* im Sg. und N. A. Pl. neben G. D. Sg. *ǣwe*, wonach auch ein N. A. *ǣw* gebildet wird

~fæst glaubensfest, fromm

~fæstniss, -ness fjō. Glaubensfestigkeit, Frömmigkeit

ǣfre jemals; ne. *ever*, wohl < **ā-in-fēore* immer im Leben' (Horn, Sprachkörper § 75), zu *feorh*; vgl. ahd. *ēo-(i)n-altre*

æfter Präp. nach, hinter; Adv. darauf; ne. *after*, as. ahd. *aftar*

ǣʒhwylč, -hwilč, -hwelč (§ 68 a) jeder, wer immer; ne. *each*; ahd. *ēo-gihwelīh*, zu *ʒehwylč*

ælmihtiʒ (§ 31, 6 d) allmächtig; ne. *almighty*, ahd. *alamahtīg*

ǣr Adv. eher, zuvor, früher; Präp. vor; Konj. ehe, bevor; ne. *ere*, got. *airis*

ærčebisc(e)op ma. Erzbischof; ae. *ærče-, arče-, erče-* < lat. *archi-* < gr., ne. *archbishop*

ǣrest (§ 74 b) zuerst, erst; ne. *erst*, zu *ǣr*

Æsces-dūn Ashdown

æt bei, in; ne. *at*, as. aisl. got. *at*, lat. *ad* (§ 48, 2)

æþele adlig, edel, berühmt; ahd. *edili*

æþelinʒ (§ 31 6 d) ma. Edler, Fürst; ahd. *ediling*, zu *æþele*

Æþelwulfinʒ Beiname Alfreds des Großen; er war der vierte Sohn *Æthelwulfs*

*ʒe-***bǣd** s. *-bīdan*

bǣdon s. *biddan*

band s. *bindan*

on-bærnan (§ 31, 1 a) sw. I. entflammen, -brennen; got. *inbrannjan*

be s. *bī*

bēaʒ, bēʒ ma. Ring; ahd. *baug*

bearn na. Kind, Sohn; ne. schott. *bairn*, as. ahd. aisl. got. *barn*, abl. zu *beran* (§ 75)

bēʒen m., *bā* f., *bū* n. beide; ne. *both* (< ae. *bā þā*), got. *bai, bajōþs*; vgl. Horn, Sprachkörper § 105

be-bēodan abl. II. gebieten, auftragen; got. *biudan*

bēon (§ 79, 1) sein, werden; ne. *be*

bēor na. Bier; ne. *beer*, as. ahd. *bior*

ʒe-~scipe mi. Biergelage; s. *-sciepe*

beran abl. IV. tragen, bringen; ne. *bear*, as. ahd. *beran*, got. *bairan*, zu lat. *ferō*

betst(a) beste; ne. *best*, got. *batists*

betweox, -twix, -twux zwischen; ne. *betwixt*, zu as. *twisc*, ahd. *zwiski* je zwei

bĭ, be (§ 51, 4) bei, von, über, zu; ne. *by, be-*, ahd. *bĭ*, got. *bi*

ʒe-bīdan abl. I. erleben, -fahren, -langen; ne. *(a)bide*, got. *gabeidan*

biddan abl. V. bitten; ne. *bid*, got. *bidjan*

bindan (§ 23, 2) abl. III. binden; ne. *bind*, as. got. *bindan*

binnan binnen, innerhalb; < **(bi-)innan*

bisc(e)op ma. Bischof; ne. *bishop*, < lat. *episcopus* (§ 14) *~rīče* nja. Bistum *~rīče* nja. Bistum

blǣd ma. Ruhm, Glück; ahd. *blāt* (vgl. Neuphil. Mitt. 1924, 109 ff.)

bliss, blīþs (§ 38) fjō. Freude, Fröhlichkeit; ne. *bliss*, zu *blīþe*

blīþe fröhlich, freundlich; ne. *blithe*, got. *bleiþs*

bōc fk.[4] Buch; ne. *book*, zu got. *bōka, bōkōs*

~ere mja. Gelehrter; got. *bōkāreis* (§ 51, 3[1]), < lat. *-ārius*

be-boden s. *-bēodan*

brǣcon s. *brecan*

ā-brecan abl. IV. (zer)brechen, einbrechen; ne. *break*, got. *brikan*

brēme berühmt; nach W. Horn (Gießener Beitr. 1, 139 f.) < **behrǣme, *behrēme*, zu ae. **hrōm* Ruhm, as. *hrōm*, ae. *hrēmiȝ* frohlockend

brinȝan abl. III., sw. I. 4. bringen; ne. *bring*, got. *briggan*

brōhte (§ 22, 3) s. *brinȝan*

brōþor,-ur mk.[2] Bruder; ne. *brother*, got. *brōþar*, lat. *frāter*

be-budon s. *-bēodan*

burȝ fk.[4] Burg, Stadt; ne. *borough, -bury*, as. ahd. *burg*

b-ūtan (§ 51, 4) außer, außerhalb; ne. *about, but*, as. *b(i)ūtan*, ahd. *bi-ūzan*

bū-tū beide; s. *bēȝen* + *twēȝen*

canon m. Kanon; ne. *canon*, < gr.

Cædmon < akymr. *Catman* (*t* = *d*) 'Krieger'

čeaster ws., außerws. *čæster* (§ 30, 1) fō. Burg, Stadt; ne. *Chester, -caster*, < lat. *castra* (§ 14)

Cedmon (§ 26 Anm.) s. *Cædmon*

cempa mkj.[1] Kämpe, Krieger (§ 14)

čēosan (§ 44, I a) abl. II. wählen, entscheiden

ȝe-či(e)rran ws., außerws. *-čerran* (§§ 29, 1 b; 31, 7) sw. I. sich kehren, wenden; wg. **karrian*

ȝe-čirdon s. *-či(e)rran*

čiriče (§ 14) fkj.[1] Kirche; ne. *church* (§ 51, 5 Anm. 1)

clǣne Adj. rein; ne. *clean*, ahd. *kleini* (klein > fein > rein)

clyppan sw. I. umarmen, wertschätzen; ne. *clip*

cōm s. *cuman*

con s. *cunnan*

ȝe-coren s. *čēosan*

cuman abl. IV. kommen; ne. *come*, as. *cuman*, got. *qiman*

cunnan Prt. Prs. III. kennen, können, wissen; ne. *can*, as. ahd. got. *kunnan*

cuōm = *cwōm* s. *cuman*

cūþ kund, bekannt; zu ne. *uncouth* seltsam, got. *kunþs* (§ 28, 1)

cūþe s. *cunnan*

cweþan abl. V. (S. 47) sprechen, sagen; ne. *bequeath*, got. *qiþan cwōm* s. *cuman*

cyme mi. Ankunft; as. ahd. *kumi*, zu *cuman*

cynerīče nja. Königreich; *cyne-* königlich, as. ahd. *kuni*, zu *cynn*

cyninʒ (§ 44, I a) ma. König; ne. *king*, as. ahd. *kuning*, zu *cynn*

cynn nja. Geschlecht, Stamm; ne. *kin*, as. ahd. *kunni*, zu lat. *genus* (§ 21, 5)

cȳþan (§§ 28, 1; 31, 5) (ver)künden; got. *kunþjan*, zu *cūþ*

ʒe-dafenian sw. II. passen, geziemen; zu got. *ga-daban* sich ereignen, geziemen

dǣd, angl. *dēd* (§ 26, 2) fi. Tat, Handlung; ne. *deed*, as. *dād*, got. *ga-dēþs*

dæʒ (§§ 26, 1; 44, I c) ma. Tag; ne. *day*, got. *dags*

dǣlan sw. I. (ver)teilen; ne. *deal*, got. *dailjan*

ʒe~ aufteilen

ʒe-dēman (§ 25, 3 a) sw. I. richten, zuerkennen; zu *dōm*

Dene, *Deniscan* Dänen (§ 8)

dōm ma. Urteil, Gericht, Ruhm; ne. *doom*, got. *dōms*

dōn (§ 79, 2) tun; ne. *do*, as. *dōn*, lat. *ab-*, *con-dō*

ā-drǣfan sw. I. vertreiben; got. *draibjan*

driht(en) s. *dryht(en)*

drūsian sw. II. träge, stagnierend sein; ne. *drowse*

dryht, *driht* (§ 51, 5 Anm. 2) fi. Schar, Gefolge; ahd. *truht* (dazu nhd. *Truchseß*), got. *draúhti-*

dryhten, *drihten* (§ 51, 5 Anm. 2) ma. (Gefolgs-)Herr, Gott; as. *druhtin*, zu *dryht*

dyde s. *dōn*

ēa fō. fk.[4] (Ganzer Sg. *ēa*, D. häufig ws. *īe*, Pl. N. G. A. *ēa*, D. *ēa(u)m*) Wasser, Fluß; got. *ahwa*, lat. *aqua* (§ 36, 1), vgl. *Lindes-*

ēac, *ēc* (§§ 26, 4; 35, 1) auch, dazu; ne. *eke*, aisl. got. *auk*

eafora mk.[1] Nachkomme, Sohn; as. *aƀaro*

eald, angl. *ald* (§ 29, 1 c) alt; ne. *old*, afr. as. *ald*, vgl. lat. *altus* hoch

ealdormon, angl. *aldor-* mk.[4] Vorgesetzter, Herr, Fürst; ne. *alderman*, zu *(e)ald* (vgl. *eorl*)

eal(l), angl. *al(l)* (§ 68 a) all, ganz; ne. *all*, afr. as. ahd. *all*

~*es* (§ 73 d) durchaus

Ēastenʒle Ostangeln, -anglien

ēastron fk.[1] Pl. (unregelmäßig, s. Sievers-Brunner § 278 Anm. 3) Ostern; ne. *Easter*, ahd. *ōstarūn* Pl. (altes Frühlingsfest)

ēaþe Adv. leicht, gern

ēaþmōdlīče Adv. demütig

ēče ewig; zu got. *ajuk-dūþs* Ewigkeit

efne Adv., *efen* Adj. eben, gerade; ne. *even*, as. *eƀan*, got. *ibns*

eft wieder(um), danach; afr. as. *eft*, got. *afta*

eʒe mi. Furcht, Schrecken; aisl. *agi* (> ne. *awe*), got. *agis*, dazu ahd. *z-agēn* zagen

eʒsian sw. II. (er)schrecken

ēi s. *ēa*

ellen na. Eifer, Kraft, Heldentaten; got. *aljan* (§ 25, 3 a)

~wōdness fjō. Eifer; ae. *wōd* wütend, rasend; got. *wōþs*

ende mja. Ende; ne. *end*, got. *andeis*

~byrdness fjō. Reihenfolge, Anordnung

~lēas endlos; ne. *endless*

ʒe-endian sw. II. beenden; as. *endiōn*, zu *ende*

Enʒla-feld Englefield

enʒlisc (§ 6) englisch; ne. *English*

~ʒereord na. englische Sprache; vgl. *scop-ʒereord*

ēode, ēodon (§ 79, 3) ging(en), schritt(en)

ʒe~ ging(en), überrannte(n), eroberte(n)

eod-orcian sw. II. wiederkäuen; ahd. *il(a)ruchen, -rucken*; < ae. *ed-* (got. *id-*) wieder(um) + *orcian, rocian*, zu *rocettan* rülpsen, ausstoßen, lat. *ēructō*

Eofor-wīċ-ċeaster York; (s. E. Ekwall, The Concise Oxford Dictionary of English Place-Names, Oxford 1936, 1960[4])

eorl ma. freier Mann, Krieger, Fürst; ne. *earl*, as. ahd. *erl*, aisl. *jarl* (vgl. H. M. Chadwick, Anglo-Saxon Institutions, 1905, S. 382)

eorþe fk.[1] Erde; ne. *earth*, got. *airþa*

erian, eriʒean sw. I. pflügen; ne. *ear*, got. *arjan*, lat. *arō*

Escan-, Exanċeaster Exeter (nach dem Fluß *Isca*, a-brit. **Eska*, ne. *Exe*)

faran abl. VI. fahren, gehen, ziehen; ne. *fare*, as. ahd. got. *faran*

ʒe~ abreisen, sterben

fæc na. Fach, Zeitraum; as. *fak*

fæder (§§ 21, 1; 25, 2; 48, 1) mk.[2] Vater

fǣʒer (§ 44, I b) schön; ne. *fair*, got. *fagrs* geeignet

fær na. Fahrt, Fahrzeug; zu *faran*

fæst fest, sicher; ne. *fast*, as. *fast*

fæsten nja. befestigter Ort, Festung; zu *fæst*

fēa, Pl. *fēawe* wenig, Pl. einige, wenige; ne. *few*, got. Pl. *fawai*, lat. *paucus*

~sceaft elend, hilflos

wiþ-, ʒe-feaht s. *-feohtan*

fela, feala, feola (§ 32, 2) viel, sehr (mit G.); got. *filu*

on-, ʒe-fēnʒ(e) s. *-fōn*

fe(o)h (§§ 29, 1 a; 35, 1) na. 'Vieh', Besitz; ne. *fee*, got. *faihu*, lat. *pecu*

ʒe-fe(o)ht na. Gefecht, Kampf; ne. *fight*, ahd. *gi-feht*, zu *-fe(o)htan*

ʒe-fe(o)htan (§ 35, 1) abl. III.

fechten, kämpfen; ne. *fight*, as. ahd. *fehtan*
on~ angreifen, kämpfen
wiþ~ kämpfen gegen
feorh, ferh (§§ 29, 1 b; 35, 1) mna. Leben, Seele; as. ahd. *fer(a)h*, zu got. *fairhwus* Welt
fēran sw. I. gehen, kommen, ziehen; as. *fōrian*, nhd. *führen*
fers na. Vers, < lat. *versus*
fierd fi. Aushebung, Heer; in der Parker-Chronik besonders das westsächs. Heer; vgl. *here*
fif (§ 28, 1) fünf; ne. *five*, got. *fimf*
findan abl. III. (auf)finden; ne. *find*, ahd. *findan*, got. *finþan*
fīras Pl. mja. Menschen; zu *fe(o)rh*
first, frist (§ 42) mi. Frist, Zeit(raum); as. ahd. *frist*
ʒe-flīeman sw. I. in die Flucht schlagen; zu ae. *flēam* Flucht
ʒe-fohten s. *-fe(o)htan*
folc na. Volk, Kriegerschar; ne. afr. as. ahd. aisl. *folk*
~*ʒe-fe(o)ht* na. Schlacht
folde fk.[1] Erde; as. *folda*
fōn (§ 36, 1) red. I. fangen, nehmen; as. ahd. got. *fāhan*; — *tō rīče* ~ die Regierung antreten
ʒe~ ergreifen, gefangennehmen
on~ empfangen
on-fonʒne s. *-fōn*
for 1. Präp. vor, für, wegen; 2. Konj. denn; 3. Präf. ver-; ne. *for*, got. *faúr*, lat. *por-*
~*þan*, *-þon* s. *þon*
ʒe-fōr(en) s. *-faran*
forþ fort, hervor; ne. *forth*, afr. as. *forþ*
ʒe-fræʒn s. *-friʒnan*
frēa mk.[1] Herr; ahd. *frō*; ahd. *frouwa* Frau, Herrin; vgl. ae. *frīeʒa, frēʒa* mkj.[1] dass.; got. *frauja*
fremman sw. I. fördern, machen; ahd. *fremman*
fremsumness fjō. Förderung, Wohltat; zu *fremman*
friʒnan, frīnan (§ 37, 2) abl. III. fragen, erfahren; as. ahd. *fregnan*
ʒe~ erfragen, erfahren (mit A. c. I.)
friþ na. (*frioþu-* mu.) Friede; as. *fridu*, zu got. *Friþareiks* Friedrich
~ *niman* Frieden schließen
frōfor fō. Trost, Hilfe; as. *frōðra*
from, fram von, aus; ne. *from*, as. ahd. aisl. got. *fram*, neben aisl. *frā* (> ne. *fro*)
ʒe-fruʒnon, -frūnon (mit ʒ-Ausfall nach velarem Vokal wohl in Anlehnung an *frīnan*) s. *-friʒnan, frīnan*
fruma mk.[1] Anfang, Ursprung; got. *frum(s)*
frumsceaft fi. Schöpfung
ʒe-fuhton s. *-fe(o)htan*
fultum ma. Hilfe, Schutz
ʒe-fultumian sw. II. unterstützen, helfen; zu *fultum*
funden s. *findan*

fūs bereit, eilig; as. *fūs*, ahd. *funs* (§ 28, 1)
ʒe-fylče nja. Abteilung, Trupp; aisl. *fylki*, zu *folc*
fyrhtu fk.[1] Furcht, Schrekken; ne. *fright*, got. *faúrhtei*
fyrst (§ 51, 5 Anm. 1) s. *first*

ʒe-ʒadrian sw. II. sammeln, vereinigen; ne. *gather*, nhd. *vergattern*
on-ʒan s. *-ʒinnan*
ʒanʒan red. II. gehen; as. ahd. *gangan*, got. *gaggan*
ʒār ma. Ger, Speer; afr. as. ahd. *gēr*, aisl. *geirr*
~ Dene mi. Dänen; aisl. *Danir*, lat. *Danī*
ʒāst (§ 44, I a) ma. Geist; ne. *ghost*, ahd. *geist*
ʒe- Präf. ge- (§ 76a Ende)
ā-ʒeaf (§ 30, 1) s. *-ʒiefan*
ʒēar, angl. kent. *ʒēr* (§ 30, 1) na. Jahr; ne. *year*, as. ahd. *jār*, got. *jēr*
~daʒas ma. Pl. Lebenstage, frühere Tage; s. *dæʒ*
ʒeard (§ 44, I a) ma. Gehöft, Hof; ne. *yard*, got. *gards*
ʒearu, *-o*, G. *ʒearwes* (mit *ea* durch Brechung nach § 29, 1 b) bereit, fertig; ne. *yare*, as. ahd. *garo* (nhd. *gar*)
ʒēmān (angl.), *ʒīeman* (ws.) sw. I. sich kümmern, streben nach; got. *gaumjan* (§§ 26, 4; 31, 7)
ʒ(e)onʒ, *ʒ̇unʒ* (§ 30, 2) jung; ne. *young*, got. *juggs*
ʒeorne (§ 29, 1 b) Adv. gern, eifrig; as. ahd. *gern*, got. *gairns*
ʒeornlīče Adv. (§ 73 a) dass.
ʒeornfulness fjō. Eifer, Verlangen
ʒi(e)fan, angl. kent. *ʒefan* (§ 30, 1) abl. V. geben; ne. *give* (skand.), as. *geƀan*, got. *giban*
ā~ übergeben, darbringen
for~ verleihen, übergeben
ʒi(e)fu fō. Gabe, Gnade; as. *geƀa*, got. *giba*
ʒif wenn, ob; ne. *if*, got. *jabai*
ʒife, *ʒifu* s. *ʒi(e)fu*
for-ʒifen s. *-ʒi(e)fan*
be-, *on-ʒinnan* abl. III. beginnen, versuchen; ne. *begin*, got. *du-ginnan*
(*sē*) *ʒ(i)oncʒa* der Jüngere (Beiname); s. *ʒ(e)onʒ*
ʒīs(e)l ma. Geisel; ahd. *gīsal*, aisl. *gīsl*
fore~ vornehme Geisel
ʒe-ʒlenǯan sw. I. schmücken; zu *ʒlenǯ* Schmuck, Glanz
ʒod ma. Gott; ne. afr. as. *god*, got. *guþ*
~cund göttlich, geistlich; *-cund* 'stammend von', got. *-kunds*
~cundlīče Adv. göttlich, von Gott
ʒōd 1. na. Gutes, Eigentum; ne. *good*, afr. as. *gōd*
~ 2. Adj. gut, tüchtig, ne. *good*, afr. as. *gōd*, got. *gōþs*
ʒomban (N. Sg.?, nur noch einmal belegt) Tribut
on-ʒon s. *-ʒinnan*
ʒonʒende s. *ʒanʒan*
Grantebryčǯ Cambridge
ʒrētan sw. I. grüßen, anreden; ne. *gręet*, as. *grōtian*

on-ʒunnon s. *-ʒinnan*
for-ʒyldan, *-ʒieldan*, angl. *-ʒeldan* (§ 30, 1) abl. III. (ver)gelten, (be)zahlen; ne. *yield*, as. *geldan*, got. *gildan*

habban sw. III (inne)haben; ne. *have*, ahd. *habēn*, got. *haban*
hād, *hǣd* ma. Stand, Weise, Gestalt; ne. Suffix *-hood*, *-head*, got. *haidus*
hāl heil, gesund; ne. *hale*, *whole*, got. *hails*
tō haldanne flekt. Inf.; s. *healdan*
hālettan sw. I. begrüßen; ahd. *heilazzen*, zu *hāl*
hāliʒ heilig; ne. *holy*, ahd. *heilag*, *-ig*, got. *hailags*
hām ma. Heim, heim (A.); ne. *home*, got. *haims*
hand (§ 48, 2) fu. Hand, Seite
hātan red. I. heißen, befehlen, verheißen; got. *haitan*
ʒe-hātland na. das gelobte Land
hæfde, *hæfdon*, *-un* s. *habban*
hærfest ma. Herbst; ne. *harvest*, zu lat. *carpō* pflücke
hǣþen heidnisch, Heide; ne. *heathen*, aisl. *heiðinn*
hĕ̄ (§ 64) er
ʒe-healdan (ws.), *-haldan* (angl.) red. II. (er)halten, besitzen, regieren; ne. *hold*, as. got. *haldan*
hearpe fk.[1] Harfe; ne. *harp*, as. aisl. *harpa*, zu lat. *corbis* Korb
hefiʒ (§ 44,I c), *hefelīč* schwer, wichtig, drückend; ne. *heavy*, zu *hebban* abl. VI. heben
heht (§ 76) s. *hātan*
hēo, *hīo* (§ 64) sie
hēo (angl.) = ws. *hīe* (§ 64) sie Pl.
heofon ma. Himmel; ne. *heaven*, as. *heƀan*
~līč himmlisch; ne. *heavenly*
~rīče mja. Himmelreich
hĕoldon s. *healdan*
heora, *hiora*, *hi(e)ra*, *hyra* 1. Pers.-Pron. ihrer, von ihnen (§ 64); 2. Poss.-Pron. ihr Pl. (§ 65)
heord fō. Herde, Bewachung; ne. *herd*, got. *hairda*
hēr (§ 21, 2) hier, hierher
here (G. *heriʒes*) mja. (§ 45) Heer, Menge; in der Parker-Chronik vornehmlich das Wikinger-Heer; vgl. *fierd*
hereness fjō. Lobpreisung; zu *herian*
herʒade (§ 77 Anm. 4) s. *herʒian*
herʒas s. *here*
for-herʒian sw. II. verheeren, -wüsten; ne. *harry*, ahd. *far-heriōn*, zu *here*
herian sw. I. loben, preisen; got. *hazjan* (§§ 25,1; 25,3 a)
heriʒean s. *herian*
hēt s. *hātan*
hider Adv. hierher; ne. *hither*, got. *hidrē*, lat. *citrō* hierher
hīe (§ 64) sie Pl.
hīe (*bestǣlon*) Refl.-Pron. (§ 64 Anm.) = (stahlen) sich (fort)

hiene Refl.-Pron. (§ 64 Anm.) sich
hiera s. *heora*
hierde, *hyrde* (ws.), *heorde* (merc.), *hiorde* (kent., ndh.) (§ 29,1 b) mja. Hirte, Wächter; ne. (*shep*)*herd*, as. *hirdi*, got. *haírdeis*, zu *heord*
  ~bōc fk.[4] Hirtenbuch
him Refl.-Pron. (§ 64 Anm.) sich
him ihm, ihnen, s. *hē*
be-hindan (von) hinten; ne. *behind*, as. *bi-hindan*, got. *hindana*
hine ihn, s. *hē*
hine Refl.-Pron. (§ 64 Anm.) sich
hire s. *hēo*
his Poss.-Pron. (§ 65) sein
hit (§ 64) es; (wie afr. *hit* Neubildung für *it* nach *hē*), ne. *it*, vgl. got. *ita*, lat. *id*
hladan abl. VI. (be)laden, legen; ne. *lade*, as. ahd. *hladan*, got. *hlaþan*
hlāford (§ 38) ma. Herr; < *hlāf* ma. Brotlaib, ne. *loaf*, got. *hlaifs* + *weard* Wart
hlēapan red. II. laufen, gehen; ne. *leap*, got. *hlaupan*
for-hoȝdniss fjō. Verachtung; zu *for-hyčǧan*
hond s. *hand*
hors (§ 42, 1) na. Roß; mhd. *ros*, *ors*
ȝe-horsod, *-ud* mit Pferden versehen, beritten; zu *hors*
hran ma. Wal(fisch)
  ~rād fō. Walfischstraße; Kenning (poetische Umschreibung) für 'Meer'
hrædlīč schnell, eilig; ahd. *hrad*
Hreope-dūn Repton
hrōf ma. Dach; ne. *roof*, afr. aisl. *hrōf*
hron- s. *hran-*
hū (§§ 26, 2; 68, 1) wie; ne. *how*, as. *hwō*, *hū*, zu lat. *quō*
Humbre f. Humber (abrit.)
hūs na. Haus; ne. *house*, afr. as. ahd. aisl. got. *hūs*
hwā (§ 68) wer; ne. *who*, got. *hwas*
  ȝe~ jeder (§ 68, 2)
hwanon(*e*) von wannen, woher; ne. *whence* (nach *hence*), as. ahd. *hwanan*(*a*)
ȝe-hwæs s. *-hwā*
hwæt Interj. was, fürwahr! Im Ae. beliebter Eingang von Gedichten und Reden
hwæt (§§ 21, 1; 48, 1; 68, 3) was
  ~hwuȝu irgend etwas (§ 68 a)
hwæþer, *hweþer* (§ 68, 4) welcher von beiden, ob; ne. *whether*, got. *hwaþar*
  ȝe~ jeder von beiden (§ 68 a)
hwæþre Adv. (je)doch, dennnoch; ahd. *thiu widaru*; (vgl. W. Horn, Englische Studien 70, S. 46 ff.)
ȝe-hwerfde s. *-hwierfan*
ȝe-hwierfan, *-hwyrfan* (ws.), *-hwerfan* (angl.) sw. I. umwandeln, zurückgeben; as. *gi-hwerƀian* (vgl. § 77 unter Kl. II)
hwonon s. *hwanon*

hwylč (§§ 33, 5; 44, I c; 68, 4) welch, was für; ne. *which*, got. *hwileiks*
ʒe~ jeder (§ 68 a)
ʒe-hwyrfan s. *-hwierfan*
hyčǯan (§ 44, I b) sw. III. denken; got. *hugjan*
for~ verachten
ʒe-hȳran, *-hīeran*, angl. *-hē-ran* (§ 31, 7) sw. I. hören, vernehmen, gehorchen; ne. *hear*, got. *hausjan*
tō ~*ne* flekt. Inf. dass.
ʒe-hȳrness fjō. Gehör; zu *-hȳran*

ič (§ 44, I c) ich; ne. *I*, afr. as. got. *ik*, lat. *ego*
īdel eitel, wertlos; ne. *idle*, as. *īdal*
īlca derselbe; < **ī-līca*, me. *ilke*, *ī-* zu got. lat. *is*
in in, auf; ne. got. *in*
inbryrdniss fō. Anreizung, Begeisterung
inʒonʒ, *-ʒanʒ* ma. Einzug; ahd. *ingang*
innan in(nen), nach... hinein, innerhalb; got. *innana*
inne darin, innerhalb; ne. *in*, got. *inna*
intinʒa mk.[1] Grund, Anlaß
intō nach, hinein; ne. *into*
is ist; ne. as. *is*, ahd. got. *ist*, lat. *est*
īs na. Eis; ne. *ice*, afr. as. ahd. *īs*
~*iʒ* eisig, beeist
Israhēlas m. Pl. Israeliten; < lat. *Israhēl* < hebr.

lāf fō. Nachlaß, Rest; got. *laiba*, zu *lǣfan*

laʒu, *-o* mu. See, Wasser; as. *lagu*, lat. *lacus*
laʒu (§ 15) fō. Gesetz, Recht
land na. Land, Erde; ne afr. as. aisl. got. *land*
lanʒ, *lonʒ* lang, groß; ne. *long*, got. *laggs*, lat. *longus*
lār fō. Lehre, Gelehrsamkeit; ne. *lore*, zu *lǣran*
~*ēow* < ~*þēow* Lehrer
late Adv. s. *læt*
ʒe-lǣdan sw. I. geleiten; ne. *lead*, as. *lēdian*, ahd. *leiten*
lǣfan sw. I. (hinter)lassen; ne. *leave*, got. *bi-laibjan*
ʒe-lǣran sw. I. (be)lehren; got. *ga-laisjan* (< **laiz-jan*), zu *lār*
ʒe-lǣred Adj. gelehrt
lǣstan sw. I. Folge leisten; ne. *last*, got. *laistjan*
læt lässig, spät; ne. *late*, got. *lats*, zu lat. *lassus* < **lat-tos* müde
lǣtan, angl. *lētan* (§ 26, 2) red. I. lassen; ne. *let*, as. *lātan*, got. *lētan*
for~ verlassen
lēas (treu)los, ledig (mit G.); ne. *-less*, got. *laus*, abl. zu *lēosan* (§ 75)
lēasunʒ fō. Falschheit, Lüge; ne. *leasing*, zu *lēas*
lečǯan (§ 44 Anm. 2) sw. I. 4. legen; ne. *lay*, got. *lagjan*
ʒe-lēfed geschwächt, vorgerückt (vom Alter); afr. as. ae. *lēf* schwach, krank
leomu s. *lim*
leornere mja. Lerner, Gelehrter; (vgl. ne. *scholar*), zu *leornian*

ʒe-leornian sw. II. (er)lernen, kennenlernen; ne. *learn*, ahd. *lirnēn, lernēn, -ōn*

for-lēosan abl. II. verlieren; ne. *lose*, got. *fra-liusan*

lēoþ na. Lied, Gedicht; as. *liod*, got. *awi-liuþ* Danksagung

~cræft ma. Dichtkunst

~sonʒ, -sanʒ ma. Gesang, Dichtung

for-lēt s. *-lǣtan*

līč na. Körper, Leiche; got. *leik*

ʒe-līč gleich, ähnlich; ne. *like*, got. *ga-leiks*

ličǯan abl. V. liegen, ruhen; ne. *lie* (nach der 2., 3. Sg. *liʒ(e)st, liʒ(e)þ*, vgl. § 44 Anm. 2), as. *liggian*, s. *lečǯan*

līf na. Leben; ne. *life*, afr. as. aisl. *līf*

lim, Pl. *limu, leomu* (§ 32, 3) na. Glied; ne. *limb*, zu lat. *līmus* schief

be-limpan abl. III. betreffen, gehören zu

ʒe-limplīč angemessen, geeignet; ahd. *gi-limpflīh*, nhd. *glimpflich*

Lindes, -is fjō. Lindsey; < ae. *Lindes-ēʒ* (§ 35, 1) Aue, Wasserland, ahd. *ouwa*, ne. *island* < ae. *ēʒ-land* < germ. **aujō* < **awjō* < urg. **agwjō* (mit *g* < idg. *k* nach Verners Gesetz, § 23,2. Ausn., und adj. *-jō*-Endung, § 70, 1, eigtl. Bedeutung 'die Wässerige'='w. Insel, Wiese'), zu urg. **ahwō* (< idg. **ǝkwā*, lat. *aqua*) > ae. *ēa* 'Wasser, Fluß' (§ 36,1)

līþ < *liʒ(e)þ* (§§ 37, 2; 77 Anm. 1), s. *ličǯan*

lōcian (§ 44, I b) sw. II. sehen, blicken; ne. *look*, as. *lōcon*

lond s. *land*

lonʒe Adv. s. *lanʒ*

lufe, -u fk.[1] fō. Liebe; ne. *love*, got. *lubō*

lufian sw. II. lieben; ne. *love*, ahd. *lubōn*, lat. *lubēre* belieben

lufiʒean s. *lufian*

be-lumpon s. *-limpan*

Lūnden, -burʒ London

ʒe-lȳfed falsche ws. Umschrift für merc. *ʒe-lēfed*

lȳtel klein, wenig, gering; < **lūtil*, ne. *little*

maʒan Prt. Prs. V. (?) können, vermögen; s. *mæʒ*

mān na. Frevel, Verbrechen; ahd. aisl. *mein*

~dǣd fi. Freveltat

manian sw. II. ermahnen, raten; as. ahd. *manōn*, lat. *monēre*

maniʒ, moniʒ (§ 51,1) manch, viel; ne. *many*, got. *manags*; zu *maneʒum* vgl. § 51, 1 Anm.

man(n) mk.[4] Mann, Mensch, man; afr. as. ahd. *mann*

~cynn nja. Menschengeschlecht

mæʒ, ne. *may*, as. ahd. got. *mag*, s. *maʒan*

mǣʒ ma. Verwandter; as. ahd. *māg*, got. *mēgs*

mǣȝþ fō. Volksstamm; zu *mǣȝ*
mǣran sw. I. bekannt, berühmt machen; as. *mārian*, got. *mērjan*, zu *mǣre*
mǣre berühmt; as. ahd. *māri*, got. *-mēreis*
mǣst, *māst* (§ 72c) meiste, größte; (*mǣst* nach *lǣst*), ne. *most*, got. *maists*
mē (§ 64) mir
meaht s. *miht*
meaht(e) s. *maȝan*
medmičel mittelgroß, unbedeutend; zu got. *miduma* Mitte
medu, *-o*, *meodu* (§ 32, 2) mu. Met; ne. *mead*, ahd. *metu*, *mito* (litauisch *medùs* Honig)
∼setl na. Metsitz, -haus
men(n) s. *man(n)*
mennisc menschlich, Menschheit; got. *mannisks*, zu *mann*
∼ness fjō. Menschwerdung
meodo- s. *medu-*
meotod s. *metod*
mere mi. Meer, See, Teich; ne. *mere*, got. *mari-*, *marei*, lat. *mare*
Mere-tūn häufiger ae. Ortsname
ȝe-met Adj. gemäß, passend; Subst. na. Maß, Art u. Weise; as. *gi-met*, ahd. *gi-mez*; zu *metan*
metan abl. V. (durch)messen; got. *mitan*, lat. *meditor*
ȝe-mētan sw. I. begegnen, treffen; ne. *meet*, got. *ga-mōtjan* (§ 31, 4)
metod, angl. kent. *meotod* (§ 32,2) ma. Schicksal, Schöpfer; as. *metod*, got. *mitaþs* Maß
ȝe-mētte, *-on* (§ 77 Anm. 3) s. *-mētan*
mičel, *myčel* groß, viel; ne. *much*, got. *mikils* (*myčel* wohl nach dem Gegenteil *lȳtel* gebildet wie *mǣst* nach *lǣst*)
mid mit, durch, bei; as. *mid(i)*, got. *miþ*
middan-(ȝ)eard ma. Erdkreis, Erde; ahd. *mittingart*, got. *midjun-gards*
M(i)erče, *Myrče* Mercier, Mercien
miht, *meaht*, angl. *mæht* (§ 31, 7) fi. Macht; ne. *might*, got. *mahts*, zu *maȝan*
mōd na. Gemüt, Sinn, Herz; ne. *mood*, afr. as. *mōd*, got. *mōþs*
∼ȝe-þanc mna. innerster Gedanke
mōdor fk.[2] (§§ 21, 2; 23, 1[3]; 60) Mutter
monade s. *manian*
mōnaþ (mk.[4] wie *ealu*, nur ist hier das *þ* der flekt. Formen in den N. A. Sg. gedrungen, G. *mōn(a)þes*, D. *-(a)þe*, Pl. N. A. *mōnaþ*) Monat; ne. *month*, as. *mānuth*, ahd. *mānōd* (> nhd. *Mond*), got. *mēnōþs* (§ 51, 3c)
moniȝ s. *maniȝ*
mon(n) (§ 28, 4) s. *man(n)*
morȝen ma. Morgen; ne.

morn(ing), *morrow*, got. *maúrgins*

ȝe-mōt na. Versammlung, Besprechung; ne. *moot*, as. *mōt*

munuc ma. Mönch; ne. *monk*, < lat. *monachus* (§ 14)
~hād mu. Mönchsstand

mūþ (§ 28, 1) ma. Mund; ne. *mouth*, got. *munþs*

mūþa mk.[1] Mündung, Tor; zu *mūþ*

ȝe-mynd fi. na. Gedächtnis, Erinnerung, Sinn, Seele; ne. *mind*, got. *ga-munds*, lat. *mēns* (G. *mentis*), idg. **mn̥tís* (§ 21, 5)

ȝe-myndȝian sw. II. sich erinnern, im Gedächtnis behalten; ahd. *gi-muntīgōn*, zu *-mynd*

mynster na. Münster, Kloster; ne. *minster*, < lat. *monastērium* (§ 14)

nā (*ne*) nie, nicht; s. *ne* + *ā*; ne. *no*

nāht s. *nāwiht*

nal(l)es, *neal(l)es* < *ni (e)alles* (§ 73 d) durchaus nicht, keineswegs; ahd. *nalles*, zu *(e)all*

nam s. *niman*

nama mk.[1] Name; ne. *name*, got. *namō*, lat. *nōmen*

nāmon s. *niman*

nān < **ni ān* (§ 68 a) kein; ne. *none*, *no*, ahd. *n-ein*, vgl. lat. *nōn* < **n-oenum*

nāwiht, *nōwiht*, *nāht*, *nōht* (§ 68 a) nicht(s); ne. *naught*, *nought*, *not*, ahd. *niowiht*, *nieht*, got. *ni waihts*

nǣfre < **ni ǣfre* nie(mals); ne. *never*, s. *ǣfre*

nǣniȝ < **ni ǣniȝ* (§ 68 a) keiner (subst.)

ne (älter *ni*) nicht, noch auch (auch in doppelter Verneinung); got. *ni*, lat. *ne* (§ 48, 2)

nēa(h)lǣċan herannahen; ae. *lǣċan*, *lācan* red. (§ 76) springen, sich bewegen; got. *laikan*, mhd. *leichen* hüpfen

neaht s. *niht*

nēat na. Rind, Pl. Vieh; ne. *neat*, aisl. *naut*, zu *nēten*

nemnan sw. I. nennen; got. *namnjan*, zu *nama*

nēten (angl.), *nīeten* (ws.) na. Tier; zu *nēat*

nicor ma. Seeungeheuer; ahd. *nihhus* m., *nicchessa* f. Nix(e)

niȝon (§ 74) neun; ne. *nine*, got. *niun*

niht (§ 31,7) fk.[4] (im ganzen Sg. und N. A. Pl. meist unveränderlich) Nacht; ne. *night*, got. *nahts*, lat. *noct-*
~es (§ 73 d) nachts

niman abl. IV. nehmen; ne. P. P. *numb* benommen, got. *niman*

nōht s. *nāwiht*

noldon < **ni woldon* (§ 51, 4) wollten, pflegten nicht; s. *willan*

noma s. *nama*

Norþhymbre, *Norþan-* Nordhumbrier, Nordhumbrien

nū nun, jetzt; ne. *now*, got. *nu*, lat. *innum* nun noch

of von, aus; ne. *of*, *off*, got. *af*
ofer über, über – hin; ne. *over*, got. *ufar*, lat. *s-uper*
oft oft, häufig; ne. *oft(en)*, got. *ufta*
~rade, *-ræde* häufig; ahd. *rad(o)*, *rat(o)*
on, *an* an, in, auf; ne. *on*, ahd. got. *ana* (§ 28, 4)
ond s. *and*
ondswarode s. *andswerian*
Onʒel- s. *Anʒel-*
ōr na. Anfang, Ursprung; zu lat. *ōra* Rand, Küste
oþ Präp. bis; Präf. ent-; got. *unþa-*
~þæt Konj. bis daß
ōþer (§§ 28, 1; 74 b) der andere, nächste; ne. *other*, got. *anþar*
oþþe, ndh. *eþþa* oder; ne. *or*, got. *aiþþau*

Peohtas Pikten

rād fō. Reiten, Straße; ne. *road*, abl. zu *rīdan*
rād s. *rīdan*
ā-rās s. *-rīsan*
reċċ(e)an (§ 44, I b) sw. I. 4. erzählen, erklären; Prät. *reahte*, angl. *ræhte rehte* (§ 35); got. *rakjan*
reʒolliċ, D. Pl. *reʒolleċum* (§ 51,1), von der Regel vorgeschrieben; ae. *reʒol* ma. < lat. *regula*
rehton s. *reċċan*
rest (§ 31, 6 a) fō. Rast, Ruhe, Lagerstatt; ne. *rest*, ahd. got. *rasta*
rīċe (§ 13) nja. Reich, Herrschaft
rīcsian sw. II. herrschen, regieren; ahd. *rīhhisōn*; zu *rīċe*
rīdan abl. I. reiten; ne. *ride*, as. *rīdan*
of~ überreiten, einholen
on~ (*ʒefeoht*) einen Kampf liefern
rīman sw. I. zusammenzählen; ahd. *rīmen*
ā-rīsan abl. I. sich erheben, entstehen; ne. *a-rise*, got. *reisan*
ʒe-risenlīċe Adv. passend, schicklich; abl. zu ae. as. ahd. *gi-rīsan* sich ziemen
rūn fō. Geheimnis, Rune, Schrift; as. ahd. got. *rūna*

salde, *-on* (angl.), ne. *sold*, s. *sellan*
ʒe-samnian sw. II. versammeln, vereinigen; as. ahd. *sam(a)nōn*
ʒe-samnunʒ fō. Versammlung, Vereinigung, zu *-samnian*
sanʒ ma. Gesang, Lied, Gedicht; ne. *song*, afr. as. ahd. *sang*
~cræft ma. Sanges-, Dichtkunst
sǣ mfi. See, Meer; ne. *sea*, got. *saiws* < germ. **saiwi*
sæʒde, *-don* s. *seċʒan*
ʒe-sæt s. *-sittan*
be-sǣton s. *-sittan*
scamu (§ 30, 2) fō. Scham; ne. *shame*, as. ahd. *skama*
sceal (§§ 30, 1; 44, II a), ne. *shall*, s. *sculan*
ʒe-sceap ws., außerws. *-scæp*

(§ 30, 1) na. Gestalt, Schöpfung; ne. *shape*, as. *gi-scapu* Pl. Schicksal, zu *-sceppan*

sceaþa (§ 32, 1) mk.[1] Schaden, Schädiger, Feind; as. *scado*

Scede-land na. Schonen, Dänemark

sc(e)olde (§§ 30, 2; 44, II a), ne. *should*, s. *sculan*

ȝe-sc(e)ōp (§§ 30, 2; 44 II a) s. *sceppan*

ȝe-sceppan (angl.), *sci(e)ppan*, *scyppan* (ws.) abl. VI. (er)-schaffen; got. *ga-skapjan* (§§ 30, 1; 31, 7)

-scipe mi. Suffix -schaft; ne. *-ship*, as. *-skipi*, zu *sceppan*

scip na. Schiff; ne. *ship*, afr. as. aisl. *skip*

~here mja. Schiffsheer, Flotte

~hlæst ma. Schiffslast, Besatzung; zu *hladan*

Scīre-, *Scīraburna* Sherborne

scōl (§ 44 Anm. 3) fō. Schule, Abteilung; ne. *school*, < lat. *schola* (§ 14)

scolde(n) (§ 44, II a) s. *sculan*

scomu s. *scamu*

scop ma. Sänger und Dichter; as. *scop*, ahd. *scof*, aisl. *skop*, *skaup*

~ȝe-reord na. dichterische Sprache; ahd. *rarta*, got. *razda*

sculan Prt. Prs. IV. sollen, müssen, wollen, werden (das Futurum umschreibend); ne. *shall*, got. *skulan*

Scyld ma. 'Schild', Dänenkönig

scypen fō. Schuppen, Stall; < **scuppin-*, zu ae. *scoppa* (§ 22, 2) Schuppen, Bude; ne. *shop*

scyppend, *sci(e)ppend*, angl. *sceppend* mk.[5] Schöpfer; zu *scepen* vgl. Sievers-Brunner §§ 286 Anm. 4; 92 Anm. 8; zu *sceppan*

sē̆ der (§ 66 a)

~, *~þe*, *þe* Rel.-Pron. (§ 67) der, welcher

ȝe-seah s. *-sēon*

ȝe-sealde, *-on* (ws.) s. *salde*, *-on*

sēċ(e)an (§§ 31, 4; 44, I b) sw. I. 4. (auf)suchen, angreifen; ne. *seek*, *beseech* (§ 44, Anm. 1), got. *sōkjan*, zu lat. *sāgīre* aufspüren

seċȝ mja. Mann, Krieger; < germ. **sagja-*, zu lat. *socius*

seċȝan sw. III. sagen, erzählen; ne. *say*, as. *seggian*, wg. **saggjan* (§ 44, I b)

ȝe-seȝen (angl.), *-sewen* (ws.) s. *-sēon*

self, *seolf*, *sylf* (§§ 29, 1 c; 30, 3) selber, selbst; ne. *self*, as. *self*, *selƀo*, got. *silba*

sellan, *syllan* (§ 30, 3) sw. I. 4. (über)geben, verleihen; ne. *sell*, got. *saljan* (§ 25, 3 a)

on-sendan (§ 31, 1) sw. I. (ent)senden; ne. *send*, got. *sandjan*

sēo, *sīo* die (§ 66 a)

seolf s. *self*

ȝe-sēon (§ 36, 1) abl. V. sehen; got. *saíhwan*

ʒe-settan sw. I. hinlegen, hinsetzen; ne. *set*, got. *satjan*

siʒe mi., *siʒor* (nk.[3]) ma. Sieg; as. *sigi*, got. *sigis*

~ niman den Sieg erringen

siʒ(e)lan sw. I. segeln; mhd. *sigelen*; zu *seʒ(e)l* Segel, ne. *sail*

sinʒan abl. III. singen; ne. *sing*, as. ahd. *singan*

ā~ vortragen

sio s. *sēo*

sittan abl. V. sitzen, sich setzen; ne. *sit*, as. *sittian*, zu lat. *sedeo*

be~ belagern

ʒe~ sich niederlassen

siþþan seit(dem), nachdem; < *sīþ-þon*, ne. *since*, aisl. *siðan*, got. *þana-seiþs*

ʒe-, *of-slæʒen* s. *-slēan*

slǣp, angl. *slēp* ma. Schlaf; ne. *sleep*, as. *slāp*

on-slǣpan, angl. kent. *-slēpan* red. I (auch sw.) einschlafen; ne. *sleep*, as. *slāpan*, got. *slēpan* (§ 21, 2)

slēan (§ 36, 1) abl. VI. schlagen

of~ erschlagen

of-slōʒon, *-slōh* s. *-slēan*

Snotenʒa-hām Nottingham

sōhte, *-on* s. *sēčan*

ʒe-somnian s. *-samnian*

ʒe-somnunʒ s. *-samnunʒ*

sōna sogleich, alsbald; ne. *soon*, as. ahd. *sān(o)* (§ 28, 2)

ā-sonʒ (§ 28, 4) s. *-sinʒan*

sonʒ- s. *sanʒ-*

spell na. Erzählung, Geschichte; ne. as. ahd. *spell*, got. *spill*

spranʒ s. *sprinʒan*

sp(r)ecan abl. V. sprechen; ne. *speak*, ahd. *sp(r)ehhan*

sprinʒan abl. III. springen, sich verbreiten; ne. *spring*, as. ahd. *springan*

stafum s. *stæf*

standan abl. VI. stehen, liegen; ne. *stand*, as. got. *standan*

starian sw. II. starren, schauen; ne. *stare*, ahd. *starēn*

stæf ma. Stab, Buchstabe; Pl. *stafas* (nach lat. *litterae*) Literatur, Wissenschaft; ne. *staff*, got. *stafs* Grundstoff

be-stæl, *-stǣlon* s. *-stelan*

stær, *ster* na. Geschichte; < air. *stoir* < lat. *historia*

ā-, *on-stealde* s. *-stellan*

stelan abl. IV. stehlen; ne. *steal*, as. ahd. *stelan*, got. *stilan*

be~ (mit Refl.-Pron. und folgendem G.) sich fortstehlen vor

ā-, *on-stellan* sw. I. 4. (Prät. *-st(e)alde*) anstellen, ins Werk setzen; as. *stellian*

ā-stīʒan (§ 21, 3) abl. I. aufsteigen

ā-stīʒness fjō. Aufstieg

stōd s. *standan*

Strǣcled-Walas Strathclyde-Briten

sum (§ 68a) (irgend)ein, ein gewisser; *~e* Pl. einige; ne. *some*, got. *sums*

hīe ~e einige von ihnen

hit ~and ~ einen Teil von ihm und den Rest ...

sumor mu. Sommer; ne. *summer*, as. ahd. aisl. *sumar*
~*lida* mk.[1] Sommerheer; zu *līþan* abl. I. gehen
sunu (§ 48, 2) mu. Sohn
be-sūþan im Süden, südlich von
swā so, wie; *swā* – *swā* so – wie; ne. *so*, got. *swa* (§ 37,1)
~*hwæt* ~ was auch immer
~*hwylč* ~ wer (welcher) auch immer (§ 68a)
Swana-wīč Swanage
swefn na. Schlaf, Traum; as. *sweban*, lat. *somnus* < **swepnos*
swelče s. *swylče*
swerian abl. VI. schwören; ne. *swear*, as. *swerian*
swēte süß, angenehm; ne. *sweet*, as. *swōti*, lat. *suāvis* < **suādvis*
~*ness*, *-niss* fjō. Süßigkeit, Anmut; ne. *sweetness*
swinsunȝ fō. Klang, Wohllaut; zu *swinsian* sw. II. tönen
swīþ stark, mächtig; got. *swinþs* (§ 28, 1), nhd. *geschwind*
~*e* Adv. stark, sehr
swōr, *-on* s. *swerian*
swylč, *swilč*, *swelč* (§§ 33, 5; 44, I c; 68a) solch; ne. *such*, got. *swaleiks*
~*e* Adv. ebenso, gleichfalls
sylf s. *self*
symbel na. Gastmahl; < lat. gr. *symbola*
synderlīče Adv. besonders; ahd. *suntarlīhho*
synn fjō. Sünde; ne. *sin*
syþþan s. *siþþan*

tācen na. Zeichen, Beweis; ne. *token*, got. *taikn(s)*
ȝe-tæl na. Erzählung; ne. *tale*, as. *gi-tal* Zahl
of-tēah s. *-tēon*
Temes(e) f. Themse; ne. *Thames* (= temz), < **Tamīssu* < abrit. **Tamēssa* (s. Max Förster, Themse S. 461—730)
tēode s. *tēon*
**tēon* oder **tēoȝean* (angl. u. poet.) sw. II. (Prät. *tēode*, ndh. *tīade*, s. Sievers-Brunner § 415e) machen, schaffen, ausstatten (mit D.); ahd. *zechōn*; im Beowulf Vers 43 und 1452
ȝe-tēon abl. II. ziehen; got. *tiuhan*, zu lat. *dūcō*
ā~ abziehen
of~ entziehen, berauben; Zusammenfall von ur-ae. **oftīhan* abl. I. verweigern + **oftēohan* abl. II. entziehen (§ 36)
tīd fi. Zeit, Stunde; ne. *tide*, afr. as. *tīd*
tilian sw. II. (er)arbeiten, sorgen für; ne. *till*, got. *gatilōn* erzielen
Tīne Tyne
tintreȝ na. Qual, Pein
~*līč* qualvoll
tīr ma. Ruhm, Zier; as. *tīr*
tō̆, *te* (§ 51, 4) 1. Präp. zu, nach, 2. Adv. (all)zu, hinzu; ne. *to*, *too*, afr. as. *tō̆*, *te*, *ti*

tōweard zukünftig; ne. *toward*, as. *tō-ward*
ȝe-truma mk.[1] Schar, Truppe; zu *trum* fest, stark
tuǣm = *twǣm*
ā-tuȝe s. *-tēon*
tūn ma. Zaun, Wohnung, Dorf, Stadt; ne. *town*, afr. as. aisl. *tūn*
∼ȝerēfa mk.[1] Ortsvorsteher; ne. *reeve*, *sheriff* (< ae. *sčīrȝerēfa*); zu nhd. *Graf?*
tunȝe (G. *tunȝan*) fk.[1] Zunge, Sprache; ne. *tongue*, got. *tuggō*
Tureces-īeȝ (ws.) Torksey (vgl. *Lindes*)
twǣm D. Pl. zwei (§ 74a, 1)
twēȝen m., *twā* fn., *tū* n. (§ 74a) zwei; ne. *twain*, *two*, got. *twai*, *twōs*, *tua*, lat. *auo*, *duae*
on-tȳnan sw. I. (er)öffnen; zu *tūn*
be∼ einzäunen, beschließen

þā (*þe*) s. *sē*, *sēo*, *þæt* (*þe*)
þā Adv. da, dann; Konj. als; afr. as. *thā*
þafian sw. II. gestatten, billigen
þāh s. *þēon*
þām s. *sĕ*, *þæt*
þāra (*þe*) s. *sē*, *sēo*, *þæt* (*þe*)
þās s. *þēos*
þǣm s. *sē*, *þæt*
þǣr da, dort; relat. da, dort wo; ne. *there*, as. ahd. *thār*
þǣra s. *sē*, *sēo*, *þæt*
þǣre s. *sēo*
þæs des(sen), s. *sē*, *þæt*
∼ adv. G. (zu *þæt*) dafür, danach
∼þe Konj. dafür daß, weil; nachdem
þæt das (§ 66a); Konj. (so) daß; ne. *that*
∼, *∼ þe*, *þe* Rel.-Pron. (§ 67) das, welches
tō þǣm zu dem, dafür, dazu
þætte < *þæt þe* 1. Rel-Pron. (§ 67) das, welches, 2. Konj. daß, damit
þe 1. unflekt. Rel.-Part. (§ 67) der, die, das; welcher, -e, -es; 2. Konj. dann, als, wo; afr. as. ahd. *the*
þēah, *þēh* 1. Konj. obgleich; 2. Adv. doch, gleichwohl; got. *þau(h)*, aisl. *þō* < **þoh* > me. *thou* < *þoȝ*, ne. *though*; oder aus ae. *þęāh?* (Falltonform nach Förster, Themse S. 98)
þearf fō. Bedarf, Nutzen; as. *tharf*, got. *þarba*
þeȝn ma. Degen, Gefolgsmann; ne. *thane*, aisl. *þegn*. (Über die Stellung des *þeȝn* vgl. H. M. Chadwick, Anglo-Saxon Institutions, 1905, S. 77–87, 309–311, 327)
þēod fō. Volk; got. *þiuda*
∼cyninȝ ma. Volkskönig
∼sci(e)pe mi. Satzung, Zucht
ȝe-þēodan sw. I. verbinden, zufügen; got. *þiuþjan*
þēodford Thetford
ȝe-þēodniss fjō. Gesellschaft, Verbindung; zu *þēod*

þēon (§ 22, 3) abl. I. gedeihen, wachsen

þēos s. *þĕs*

þēo(w) mwa. Diener, Knecht; got. *þius*

þĕs m., *þēos* f., *þis* n. (§ 66 b) dieser, diese, dieses; ne. *this*

þis s. *þĕs*

þissum zu *þis*, s. *þĕs*

þisse s. *þēos*

þon, *þan* I. zu *þæt* (§ 66 a, 4), hauptsächlich beim Komp. und in adv. Verbindung (*þon mā* mehr als das; *æfter þon* nachher)

for~ denn, weil, deshalb

þone s. *sē*

þonne, *þanne* wenn, dann, als (nach Komp.); ne. *than*, *then*

þrēat ma. Schar, Gedränge, Bedrängnis; ne. *threat*, aisl. *þraut*

þrōwian sw. II. dulden, erleiden; ne. *throe*

þrōwunʒ fō. Leiden; zu *þrōwian*

þrym(m) mi. Kraft, Ruhm; aisl. *þrymr*

þŭ du; ne. *thou*, aisl. got. *þŭ*, lat. *tū*

þurh durch, in; ne. *th(o)rough*, ahd. *dur(u)h*, got. *þairh*

þūsend na. tausend; ne. *thousand*, got. *þūsundi*

þȳ, *þī* (I. von *þæt*) daß, um so; ne. *the* ... *the*, *nevertheless*, got. *þei*

~ I. vom best. Artikel (§ 66 a, 4)

þysse (§§ 51, 5; 66 b, 1) = *þisse*

þyssum (§§ 51, 5; 66 b, 1) s. *þĕs*

un- Präf. un-; ne. *un*-, afr. as. ahd. got. *un*-, lat. *en*-, *in*-

under unter; ne. *under*, as. got. *undar*

~*fĕnʒon* s. ~*fōn*

~*fōn* red. I. an-, aufnehmen

~*þēodan* sw. I. unterwerfen;

~*þēoded* ergeben; ahd. *untarthiuten*

unʒecynde von niederer Abkunft, unrechtmäßig; ne. *unkind*

unʒemetlīč unermeßlich, ungeheuer; zu *metan*

unʒeþuǣrness fjō. Zwietracht, Streit; ae. *þwǣre* verbunden, einig; ahd. *dwāri*

unwīs unklug, töricht

up(p) auf(wärts), heran; ne. *up*, afr. as. aisl. *upp*

upāstīʒness fjō. Himmelfahrt; s. -*stīʒan*

ūt aus, hin-, heraus; ne. *out*, got. *ūt*

~*fūs* hinausstrebend

~*ʒonʒ*, -*ʒanʒ* ma. Ausgang

ʒe-wald s. -*weald*

was s. *wesan*

ʒe-wāt s. -*wītan*

wæl na. Gemetzel, Walstatt; as. ahd. *wal*

~*sli(e)ht*, -*slyht* mfi. tödlicher Kampf; zu aisl. *slātr* < **slahtr* (> ne. *slaughter*)

~*stōw* fō. Walstatt, Schlachtfeld

wǣre(n), *wǣron*, *-un* s. *wesan*
wæs s. *wesan*
wē (§ 64) wir
ʒe-weald (ws.), *-wald* (angl.) na. Gewalt, Herrschaft; as. *giwald*
weard ma. Wart, Hüter; ne. *ward*, got. *wards*
for-wearþ s. *-weorþan*
we(a)xan (§§ 35; 46 Anm.) red. II. wachsen, mächtig werden
ā-weččan sw. I. 4. er-wecken, ermuntern; Prät. *weahte*, angl. *wæhte*, *wehte* (§ 35); as. *wekkian*, got. *wakjan* (§ 44, I b)
ā-wehte s. *-weččan*
wĕl (§ 73 b) wohl, gut, sehr; ne. *well*, schott. *weel*, got. *waíla*
welm, *wælm* (angl.), *wielm* (ws.) mi. Wallung, Glut
weorc, *worc*, *wurc* (§ 33, 1 a), angl. *werc* (§ 35, 1) na. Werk, Tat; ne. *work*, afr. as. ahd. *werk*
ʒe~ Festungswerk
we(o)rod (§ 32, 2) na. Schar, Menge; as. *werod*, zu *wer*
weorpan abl. III. werfen; got. *waírpan*
ā~ stürzen, absetzen
weorþ, *wyrþe* (§ 33, 1 c) wert, würdig; ne. *worth*, got. *waírþs*
~*mynd* (§ 33, 1 a) Wertschätzung, Ansehen
ʒe-weorþan abl. III. (zuteil) werden, sein, geschehen; got. *waírþan*, zu lat. *vertere*
for~ umkommen, untergehen
ʒe-weorþian sw. II. ehren, auszeichnen, schmücken; got. *waírþōn*, zu *weorþ*
weoruld s. *worold*
wēox s. *weaxan*
wer (§ 22, 2) ma. Mann
werede s. *we(o)rod*
Wer-hām Wareham
wesan (§ 79, 1) abl. V. sein, werden; ne. Prät. *was*, *were*, as. ahd. *wesan*, got. *wisan*
west nach Westen, westlich; ne. afr. as. ahd. *west*
Westseaxe, *Wesseaxe* Westsachsen, Wessex
wīč na. Wohnung, Dorf, Stadt; ne. *-wich* in Ortsnamen, < lat. *vīcus* (§ 14), vgl. nhd. *Weichbild*
wīd (Adv. *-e*) weit, -hin; ne. *wide*, afr. as. *wīd*
willan (§ 79, 4) wollen, wünschen, werden; ne. *will*, as. *willian*, *wellian*, lat. *volō*, Inf. *velle*
Wīl-tūn Wilton
Wīn-burna Wimborne
winnan abl. III. kämpfen; ne. *win*, as. ahd. got. *winnan*
winter mu. Winter, Pl. Jahre; ne. *winter*, got. *wintrus*
~*setl* na. Winterlager
wi(o)ta mk.[1] Weiser, Ratgeber; as. *gi-wito*, got. *wita*, zu *witan*
wīs weise; ne. *wise*, got. *weis*
wīse fk.[1] Weise, Art, Sache; ne. *wise*, as. ahd. *wīs(a)*, zu lat. *vīsus* Anblick, Aussehen

witan Prt. Prs. I. wissen, kennen; in ne. *to wit*; got. *witan*, zu lat. *vidēre* sehen

ȝe-wītan abl. I. sich aufmachen, (ver)gehn; as. *giwītan*

wīte nja. Strafe, Pein; as. *wīti*

witena (G. Pl.) s. *wi(o)ta*

wiþ gegen, wider, mit; ne. afr. as. *with*

wolcen na. Wolke; as. ahd. *wolcan*; *under wolcnum* auf Erden

wolde(n), *-on*, ne. *would*, s. *willan*

word na. Wort; ne. *word*, got. *waúrd*, lat. *verbum* < **verdhom*

ȝe-worht(e) s. *wyrčan*

worold, *weorold* (§ 33, 1 b) fi. Welt, Erde; ne. *world*, ahd. *weralt*, *-olt*, < *wer* Mann + got. *alds* Zeit, Leben, vgl. § 38

~hād mu. Laienstand

ā-worpen(ne) s. *-weorpan*

ȝe-writ na. Schrift, Buch; ne. *writ*, got. *writs* Strich, abl. zu *wrītan*

wrītan abl. I. einritzen, schreiben; ne. *write*, as. *wrītan*

wuldor (§ 40, 1) na. Herrlichkeit, Glanz; got. *wulþus*, *wulþrs*, zu lat. *vultus* Gesicht, Aussehen

~fæder mk.[3] himmlischer Vater

wundor na. Wunder; ne. *wonder*, as. *wundar*

ȝe-wunian sw. II. (be)wohnen, gewohnt sein: ne. P. P. *wont* gewohnt, as. *wunōn*

wurdon s. *weorþan*

wyn(n) fi. Wonne, Freude; as. *wunnia*

~sum wonnesam; ne. *winsome*, ahd. *wunnisam*

wyrčan (§§ 31, 5; 44, I b) sw. I. 4. wirken, schaffen, machen; got. *waúrkjan*, germ. **wurkjan-*

wyrþe s. *weorþ*

yldo, *ieldu*, angl. *ældu* fk.[1] (§§ 31, 7; 59, 4) Alter; as. *eldi*, zu *(e)ald*

ymb(e) um, herum; as. ahd. *umbi*

~sittend mk.[5] Umwohnender, Nachbar; zu *sittan*

~ūtan ringsherum

ȳst fi. Sturm, Unwetter; as. *ūst*, ahd. *unst*, aisl. *ȳst*

VI. Wörterverzeichnis.

Die Zahlen beziehen sich auf die Paragraphen.

Altenglisch.

Altfriesisch.

Altsächsisch.

Althochdeutsch.

Altisländisch.

Gotisch.

Lateinisch.

Abkürzungen und Zeichen

A.	=	Akkusativ
abl.	=	ablautend
Adj.	=	Adjektiv
Adv.	=	Adverb
ae.	=	altenglisch
afr.	=	altfriesisch
afrz.	=	altfranzösisch
ags.	=	angelsächsisch
ahd.	=	althochdeutsch
air.	=	altirisch
aisl.	=	altisländisch
angl.	=	anglisch
as.	=	altsächsisch
D.	=	Dativ
dass.	=	dasselbe
dial.	=	dialektisch
f.	=	feminin
flekt.	=	flektiert
G.	=	Genitiv
germ.	=	germanisch
got.	=	gotisch
gr.	=	griechisch
I.	=	Instrumental
idg.	=	indogermanisch
Imp.	=	Imperativ
Inf.	=	Infinitiv
kelt.	=	keltisch
kent.	=	kentisch
Komp.	=	Komparativ
Konj.	=	Konjunktion
lat.	=	lateinisch
m.	=	maskulin
me.	=	mittelenglisch
merc.	=	mercisch
mhd.	=	mittelhochdeutsch
n.	=	neutrum
N.	=	Nominativ
nd.	=	niederdeutsch
ndh.	=	nordhumbrisch
ne.	=	neuenglisch
nhd.	=	neuhochdeutsch
nord.	=	nordisch
Opt.	=	Optativ
Part.	=	Particip.
Präs.	=	Präsentis
Perf.	=	Perfekt
Pl.	=	Plural
P. P.	=	Particip. Präteriti
Präf.	=	Präfix
Präp.	=	Präposition
Präs.	=	Präsens
Prät.	=	Präteritum
Pron.	=	Pronomen
Prt. Prs	=	Präterito-Präsens
red.	=	reduplizierend
s.	=	siehe
schott.	=	schottisch
Sg.	=	Singular
skand.	=	skandinavisch
skr.	=	sanskritisch
st.	=	stark
sth.	=	stimmhaft
stl.	=	stimmlos
S(u)b(st).	=	Substantiv
Sup.	=	Superlativ
sw.	=	schwach
urg.	=	urgermanisch
Vb.	=	Verb
vgl.	=	vergleiche
wg.	=	westgermanisch
ws.	=	westsächsisch
>	=	wird zu
<	=	entstanden aus
*	=	erschlossene, nicht belegte Form
aí (got.)	=	*ĕ*-Laut
aú (got.)	=	*ŏ*-Laut
ĕ, ă usw.	=	kurzes *e, a*
ē, ā usw.	=	langes *e, a*
ẹ̄, ọ̄	=	langes geschlossenes *e, o* (nhd. lesen, losen)
ę̄, ǭ	=	langes offenes *e, o* (nhd. Bär, ne. la*w*)
i̯	=	Halbvokal *j* (ne. *y*ear)
u̯	=	Halbvokal *w* (ne. *w*ound)
ƀ	=	sth. labiodentaler Spirant (ne. gi*v*e)
đ	=	sth. dentaler Spirant (ne. fa*th*er)
ǥ	=	sth. velarer Spirant (norddeutsch. sa*g*en)
ŋ	=	sth. Gaumennasal (ne. lo*ng*)
č	=	stl. Affrikate *tʃ*, *tš* (ne. *ch*ur*ch*)
ǯ	=	sth. Affrikate *dʒ*, *dž* (ne. *j*u*dg*e)
čǯ	=	*ddž* (ne. Lloy*d* *Ge*orge)
s	=	stl. Spirans (ne. house)
z	=	sth. Spirans (ne. freeze)
š	=	stl. breite Spirans (ne. *sh*ip)
ž	=	sth. breite Spirans (ne. vi*s*ion)
χ	=	*ach*- bzw. *ich*-Laut (schott. lo*ch*)

ƀ: Beide Zeichen werden im Ae. unterschiedslos gebraucht (§ 19); wir haben in dieser Arbeit das Zeichen þ für das Ae. verallgemeinert.

þ (đ) ist zu sprechen:
1. stl. wie ne. *th* (*thin*) anlautend, inlautend in stl. Umgebung und auslautend im Ae., As. und Aisl.;
2. sth. wie ne. *th* (*the*) inlautend ebenda in sth. Umgebung, im Aisl. auch auslautend nach Vokal und sth. Konsonanten;
3. im Got. ist þ stl. Spirans.

Das ae. *g*-Zeichen ʒ (§ 19), das im Ae. vier verschiedene Lautwerte hatte — 1. Verschlußlaut anlautend vor velarem Vokal oder vor Konsonant sowie in der Verbindung *n*ʒ, 2. sth. velare Spirans (*ʒ*) inlautend nach velarem Vokal, Liquiden oder sth. Spiranten, 3. sth. palatale Spirans anlautend vor palatalem Vokal, 4. stl. velare Spirans auslautend nach velarem Vokal oder Liquiden — wird in unserer Darstellung beibehalten (vgl. hierzu Luick, § 56 Anm. 2). Vgl. ferner § 44.

Weitere Bände aus der Sammlung Göschen

Mittelenglisches Elementarbuch. Einführung, Grammatik, Texte mit Übersetzung und Wörterbuch von H. Weinstock. 239 S. 1968. (1226/1226a/1226b)

Historische neuenglische Laut- und Formenlehre von E. Ekwall. 4., verb. Aufl. 150 S. 1965. (735)

Englische Phonetik von H. Mutschmann†. 2. Aufl., bearb. von G. Scherer. 127 S. 1963. (601)

Englische Literaturgeschichte von F. Schubel. 4 Bde.
I: Die alt- und mittelenglische Periode. 2., neubearb. Aufl. 189 S. 1967. (1114/1114a)
II: Von der Renaissance bis zur Aufklärung. 160 S 1956. (1116)
III: Romantik und Viktorianismus. 160 S. 1960. (1124)

Beowulf. Eine Auswahl mit Einführung, teilweiser Übersetzung, Anmerkungen und etymologischem Wörterbuch von M. Lehnert. 4., verb. Aufl. 135 S. 1967. (1135)

Shakespeare von P. Meißner†. 2. Aufl., neubearb. von M. Lehnert. 136 S. 1954. (1142)

Romanische Sprachwissenschaft von H. Lausberg. 4 Bde.
I: Einleitung und Vokalismus. 3., durchges. Aufl. 211 S. 1969. (128/128a)
II: Konsonantismus. 2., durchges. Aufl. 95 S. 1967. (250)
III: Formenlehre. 1. Teil. 99 S. 1962. (1199)
III Formenlehre. 2. Teil. S. 99—260. 1962. (1200/1200a)
IV: Wortlehre. In Vorb. (1208)

Indogermanische Sprachwissenschaft von H. Krahe. 2 Bde.
I: Einleitung und Lautlehre. 5. Aufl. 110 S. 1966. (59)
II: Formenlehre. 5., neubearb. Aufl. 100 S. 1969. (64)

Sanskrit-Grammatik mit sprachvergleichenden Erläuterungen von M. Mayrhofer. 2., völl. neu bearb. Aufl. 110 S. 1965. (1158/1158a)

Altirische Grammatik von J. Pokorny. 2. Aufl. In Vorb. (896/896a)

Gotisches Elementarbuch. Grammatik. Texte mit Übersetzung und Erläuterungen von H. Hempel. 4., neubearb. Aufl. 169 S. 1966. (79/79a)

Altnordisches Elementarbuch. Einführung, Grammatik, Texte (zum Teil mit Übersetzung) und Wörterbuch von F. Ranke. 3., völl. umgearb. Aufl. von D. Hofmann. 205 S. 1967. (1115/1115a/1115b)

Germanische Sprachwissenschaft von H. Krahe. 3 Bde.
I: Einleitung und Lautlehre. 7. Aufl. bearb. von W. Meid. 1969. In Vorb. (238)
II: Formenlehre. 6. Aufl. 149 S. 1967. (780)
III: Wortbildungslehre von W. Meid. 270 S. 1967. (1218/1218a/1218b)

Kolibri 360 GmbH
Ferdinand-Jühlke-Straße 7
99095 Erfurt, Deutschland
produktsicherheit@kolibri360.de